火箭科学家
是如何工作的

力箭一号研制团队 编写

顾璐琰 任 伟 杨司扬 主笔

中国妇女出版社

图书在版编目（CIP）数据

火箭科学家是如何工作的 ／ 力箭一号研制团队编写 ；
顾璐琰，任伟，杨司扬主笔. —— 北京 ： 中国妇女出版社，
2024.9
ISBN 978-7-5127-2325-2

Ⅰ.①火… Ⅱ.①力… ②顾… ③任… ④杨… Ⅲ.
①火箭-普及读物 Ⅳ.①V475.1-49

中国国家版本馆CIP数据核字（2023）第191566号

特约策划：张　默
丛书策划：应　莹
策划编辑：肖玲玲
责任编辑：肖玲玲
封面设计：末末美书　刘佳乐
责任印制：李志国

出版发行：中国妇女出版社
地　　址：北京市东城区史家胡同甲24号　　邮政编码：100010
电　　话：（010）65133160（发行部）　　65133161（邮购）
网　　址：www.womenbooks.cn
邮　　箱：zgfncbs@womenbooks.cn
法律顾问：北京市道可特律师事务所
经　　销：各地新华书店
印　　刷：北京中科印刷有限公司

开　　本：165mm×235mm　1/16
印　　张：11.5
字　　数：180千字
版　　次：2024年9月第1版　　2024年9月第1次印刷
定　　价：69.80元

如有印装错误，请与发行部联系

力箭

一号

科学力量改变世界
太空科技服务大众

力箭一号研制历时 1303 天
共完成 151 项、761 次地面试验
编写代码 27.73 万行
绘制图纸 646 张
撰写项目文件 850 余份

怀着对神秘太空的无限向往
面对浩瀚宇宙的漫漫征途
中科人背负重任、攻坚克难、拼搏奉献
以创新为梯
为航天筑梦

相信科学可以让理想得到安身之处
最终拨开笼罩在太空之上的迷雾
得以窥见深邃壮丽的宇宙
绚烂璀璨的星辰永恒绽放
仰望与追寻
也从未停止

力箭一号运载火箭是中国科学院力学研究所抓总、中科宇航公司参与研制的首型固体运载火箭,作为中小型卫星的优先选择,丰富了我国固体运载火箭发射能力谱系。

序 PREFACE

　　1956 年 1 月 16 日，中国科学院力学研究所正式成立，这是钱学森同志回国之后创建的第一个研究所。1960 年，由中国科学院力学研究所抓总研制的中国第一枚试验型液体燃料探空火箭 T-7M 发射成功，这是我国第一枚自主研发的探空火箭，为探索太空和宇宙迈出了坚实的第一步。

　　在中国科学院力学研究所近 70 年的发展过程中，一代又一代科学家前赴后继，开拓创新，始终明确坚持工程科学思想，聚焦制约国家重大任务的关键共性技术和核心科学问题，为中国的航天、军工事业作出了杰出的贡献。

　　伟大的事业带来创新的生机，建设航天强国的发展浪潮，对卫星精准入轨、快速组网提出了更高的要求，由中国科学院力学研究所抓总，广州中科宇航探索技术有限公司参与研制的力箭一号运载火

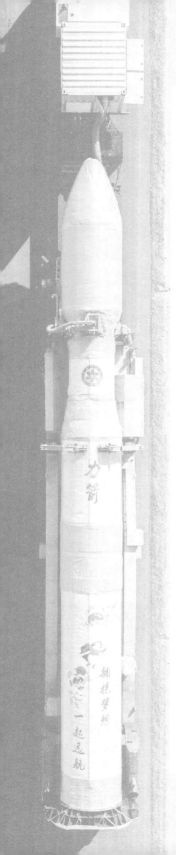

箭应运而生。力箭一号运载火箭在运载能力、入轨精度、设计可靠性、性价比等方面均迈入了世界固体运载火箭领域先进行列。作为能够快速响应市场需求的大推力运载火箭，力箭一号丰富了我国固体运载火箭发射能力谱系。

从工程立项到首飞成功，力箭一号仅仅用了3年时间。在这背后，是力箭一号青年科学家团队用他们自强不息、奋进登攀、勇于创新的忘我奋斗写出的新篇章。2022年7月27日，力箭一号运载火箭"一箭6星"首飞任务圆满完成。2023年6月7日，力箭一号遥二运载火箭"一箭26星"发射任务圆满成功，打破了我国一箭多星发射尘封多年的纪录。2024年1月23日，力箭一号遥三运载火箭"一箭5星"发射任务圆满成功。截至目前，力箭一号运载火箭已连续三次发射取得圆满成功，发射成功率100%，是目前我国商业运载火箭发射市场上具有核心竞争力的中型固体运载火箭。

翻开中国航天的时代长卷，中国航天人用心血、才智，以及千锤百炼的恒心，书写了对祖国的忠诚、对人民的无限深情和对科学的坚定追求。这本《火箭科学家是如何工作的》展现了力箭一号研制团队中 13 位青年科学家的风貌,他们是中国航天青年科技工作者队伍中的杰出代表,他们的精神风貌也是新时代航天人的真实写照。

据悉,"力箭"系列即将迎来具备更大运载能力的"力箭二号"液体运载火箭,瞄准火箭全回收技术的"力箭三号"和亚轨道飞行器也在紧锣密鼓地研制。

继往开来,书就伟业,展望未来,任重道远。中国迈向航天强国之路需要科学创新与工程实践两条腿并驾齐驱,才能带来新机遇、新动能和新业态。科学力量改变世界,太空科技服务大众,这不仅传承了中国科学院力学研究所工程科学思想,也是包括中科宇航在内所有航天人在实践中摸索出的继往开来的前进方向。

雷达与电子技术专家
航天领域专家
中国工程院院士
中国航天科技集团公司科技委顾问
2024 年 6 月 15 日

目录 CONTENTS

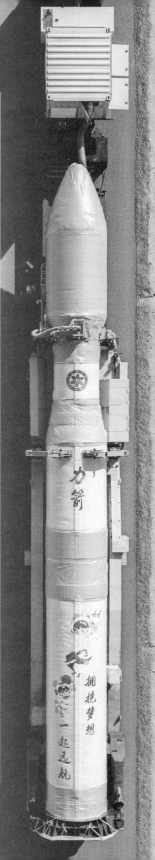

总体设计
口述科学家：史晓宁

结构设计
口述科学家：张延瑞

火箭空中分离

口述科学家：明爱珍

动力设计

口述科学家：赖谋荣

整合航电系统

口述科学家：朱永泉

调试航电系统

口述科学家：戎旭政

飞控系统设计

口述科学家：廉 洁

导航制导系统

口述科学家：张智境

发射支持

口述科学家：胡小伟

总装火箭

口述科学家：李秦峰

发射场建设

口述科学家：郑明强

保障转运和起竖

口述科学家：周　龙

火箭回收

口述科学家：杨浩亮

总体设计

口述科学家：史晓宁

出生年月：1984 年 12 月
出生地：辽宁沈阳
毕业学校：哈尔滨工业大学
喜欢的颜色：蓝色
喜欢的书：《白夜行》《明朝那些事儿》
业余爱好：踢足球、打篮球、跑步、读书

科学家小传

　　史晓宁，是力箭一号运载火箭的总体设计师，是 2018 年最早进入力箭一号研制团队的科研人员之一，那一年他 34 岁。

　　作为总体设计师，史晓宁负责的工作是这枚火箭从 0 到 1 的跨越，而后的 1～100 则是在他的基础上进行迭代和优化。出色地驾驭如此庞大且复杂的系统工程，既离不开他多次参与国家重大创新项目的预先研究工作积累的丰富经验，也离不开他的自律与坚持。

　　少年时，史晓宁和很多男孩一样，痴迷于火箭、导弹这些大国重器，在高中毕业时，他毫不犹豫地把哈尔滨工业大学作为第一志愿。

　　2004 年，史晓宁刚入学的那一年，哈尔滨工业大学研制的第一颗卫星成功发射。

　　2022 年，史晓宁目送自己参与研制的力箭一号运载火箭完美首飞。首飞任务的成功不仅完善了中国固体火箭型谱，更意味着中国固体运载火箭会进一步开拓商业市场，提高中国的卫星发射响应能力。

　　2023 年 6 月，力箭一号遥二运载火箭再一次升空，完成了"一箭 26 星"的破纪录壮举，揭开了"火箭航班化"发射的时代大幕。

火箭科学家是如何工作的

　　力箭一号运载火箭在立项之初，团队便提出要做一款对标全球主流发射市场的大型固体火箭，能够真正实现商业化。

　　总体设计是相当复杂的岗位，贯穿火箭研制的始终。从一张白纸开始，将运载能力、载荷的吨位、关键技术等指标一一进行测算和确认，同时还要降低成本，因此这对岗位人员的要求非常高。

　　史晓宁作为力箭一号运载火箭的总体设计师，投入了自己全部的精力，最终在总体方案设计中，将力箭一号运载火箭定位为能够实现 1.5 吨的运载能力，达到超过 1% 的运载系数。这样的系数放在全球也处于领先水平。

力箭一号小课堂

火箭总体设计师主要设计些什么？

　　世界上有各式各样的火箭，它们是为了不同的目的而设计的。

　　火箭总体设计师主要工作是根据火箭的具体任务，对于火箭的结构、推力、升阻比、重量、有效载荷能力、成本等进行设计和计算，同时提出火箭分系统的各项指标，为火箭分系统的设计提供指导。

　　可以说，火箭总体设计师是为火箭的设计生产绘制蓝图的人。

火箭设计包括哪些阶段？

第一步：了解火箭要干什么。以力箭一号运载火箭为例，它是为了将卫星送入太空而设计的，是运载能力领先的固体火箭。

第二步：建立任务参数。火箭总体设计师需要设计出执行任务所需要的最佳数据条件，比如火箭的长度、直径等参数。

第三步：开始绘图。火箭总体设计师根据各类参数开始绘图，从一张白纸开始工作。实际上，不是一张白纸，而是一大堆白纸。

第四步：减少可能性。力箭一号运载火箭总体设计师的任务不是设计一枚能够支持将卫星送入太空的火箭，而是要为任务设计最好的火箭。

什么是最好的火箭呢？

举个例子你就知道了，比如火箭的推力至关重要，但是最好的火箭并不是推力最大的火箭。

火箭总体设计师的任务是在考虑外部限制条件的情况下，满足安全性、可负担性、可持续性的程度来判断火箭的好坏。

第五步：选择最佳设计。火箭总体设计师在设计一款火箭时会有很多种方案，最终会根据实际情况选择最适合的一种。

总体设计师的高标准

进入力箭一号研制团队后，史晓宁便意识到，和以往的工作相比，他此次面对的是更大的平台、更多的资源和更专业的团队，所以既要突破传统的研发思维、研制方法和生产方式，同时也要保证火箭的可靠性。

研制初期，力箭一号的总体研制团队就按照"创新、创新，再创新"的研制思路，以市场为导向，将技术创新作为研制重点。在力箭一号的设计理念上，火箭设计也朝着集成化、通用化、模块化方向发展。

在设计方面，史晓宁对于火箭的标准是真正的"从头开始"——从火箭顶端的整流罩，到尾端的喷管，大到每一个系统大类的指标，小到每一个技术细节，都需要他去抓总、抠细。

在研制过程中，他还需要带领团队监控整个研制的环节，从初期对于试验的工况设置，直至后期进入发射阶段后，监控测试的结果是否能够覆盖最初规划的顶层设计要求。所以，史晓宁的岗位职责贯穿了力箭一号运载火箭从最初设计到发射的全过程。他面对的工作要求最复杂，涉及的技术专业也是最多的。

2019年上半年，力箭一号研制团队基本组建成型。同年年底，力箭一号的总体设计方案陆续进入诊断阶段。在这个阶段，写材料完成整个方案阶段的闭环便成了史晓宁工作的重心。特别是飞控系统方案的闭环，这是整个运载火箭最烦琐、最重要的一环。随着这一领域专家吴炜平的加入，在不到一个月的时间内，整个飞控系统（包括制导和姿态控制系统）就完成了闭环。

作为一枚大型固体火箭，力箭一号运载火箭的总体和单机产品都面临较多技术攻关工作，很多单机在研制初期出现不能满足总体指标要求的情况。

为了保证火箭飞行的可靠性，同时不降低运载系数等核心指标，针对新研发的核心单机产品，史晓宁要求总体设计团队和外协单位集智攻关、协同工作，改变了传统的产品技术质量把控模式，采取

什么是噪声试验？

大型地面试验是验证火箭设计方案正确性和可靠性的重要手段，更是火箭飞行前验证系统间接口匹配性、工作协调性的有效途径。噪声试验和风洞试验都是大型地面试验中必经的一环。火箭在高速飞行过程中会面对一个高分贝的飞行环境，内外部大量的噪声可能会对火箭上一些元器件的工作产生影响，因此需要对火箭飞行时的噪声情况进行模拟试验，找到需要降噪的部分进行优化。这就是噪声试验。

了参数联合设计、试验工况优化设置、强制检验点把控、联合开展质量问题归零等多项措施。这一系列举措提高了研制效率，在确保产品质量的同时，实现了大量技术创新。

史晓宁经常需要在各系统专业协调的过程中，快速理解各部门提出的各类问题，并迅速抓住问题核心，利用自己的经验即时反馈、完成闭环。史晓宁把"万金油"作为自己的目标，他觉得一个合格的总体设计师正是需要从全局角度找到最优方案。

总体设计师面前的重重困难

团队原计划研制一款在运载效率和性能等方面都领先于目前国内现有型号的火箭，但因为资源有限等现实因素，很多事情的开展遇到了不少困难。史晓宁就带领团队对弹道控制进行计算、分析结构、画图、协调问题、咨询专家。因为专业跨度大，史晓宁便买了大量航天相关的书来看，并去图书馆查资料，自己写代码，进行计算与分析，确定仿真试验和方案，讨论时间规划和安排。

面对重重考验，史晓宁从未想过放弃或是妥协。在研制初期，他做了大量跨专业的分析推演与计算的工作，包括发动机吨位、构型，火箭的结构、直径，甚至火箭最初的弹道测算都是由他亲手推演出来的。

在进入研制过程后，更是困难重重。总体设计部门在试验过程中，完成了150多次归零，所有核心问题的归零过程，都有史晓宁在其中奔忙的身影。

在研制初期，力箭一号运载火箭的整流罩和尾翼经历过一次迭代改动，包括整流罩直径的更改以及尾翼的安装方式更改。这些关键的迭代，涉及整个火箭总体设计方案的修改，史晓宁面对的是从上到下全体研发人员的心血和信任，他肩上的压力可想而知，但他

史晓宁正在接受中央广播电视总台的采访 ▶▶

总是说："这是追求极致的一帮人在一起做事，无畏向上，才有无限的可能。"

与时间赛跑

由于整个研制的进度要求非常紧张，史晓宁和团队始终感觉留给自己的研制时间已经临近极限，所以在确保技术可靠性的前提下，抢时间、争速度是决定发射成功的关键。为确保任务按时完成，史晓宁和同伴们一起协调、沟通，制订了很多可行的计划。在他的组织和安排下，总体设计方案、单机产品的研制、单元测试、分系统测试、匹配性测试、火箭转场、星箭对接等各项工作均顺利完成。

2020年年初，当进入工程研制阶段时，有大量的地面试验需要完成，因为力箭一号运载火箭研制的节奏比较快，立项与进度也比

力箭一号小课堂

什么是风洞试验？

风洞试验是一个看起来简单但其实成本不菲的大型试验。由于火箭在高速飞行中会和空气发生摩擦，因此需要通过风洞来考察火箭在飞行中的气体流动情况及其与火箭的相互作用情况，以此来确认火箭的构型会呈现出的空气动力学特性。简单地说，风洞就是在地面上人为地创造一个"天空"。之所以风洞试验的成本不菲，是因为能够容下力箭一号的大型风洞试验室在国内屈指可数。

力箭一号小课堂

什么是伺服电机？

伺服电机是伺服系统中由电力驱动的元器件，其主要作用是在火箭发动机工作时同时进行工作，将发动机的推力进行修正，实现推力方向的控制。

较紧，而国内能够进行噪声试验、风洞试验的试验室早就已经排满档期。

面对这样的情况，史晓宁坚定地说："不能等，白天不行，我们就晚上通宵搞，一定要把研制进程赶出来，把时间抢出来。"接着，他和各大试验室进行沟通，带着团队一起扛着被子在别人下班时进驻试验室，利用别人休息的时间做试验，累了就在地上躺一会儿，然后继续做试验。

力箭一号运载火箭的一级发动机是国内首屈一指的发动机，采用一个 30 千瓦的伺服电机。发动机和伺服电机都是国内首创的单机产品，如果出现问题势必会影响研制的进度，联合试车就很重要。第一次验收伺服产品时发现了小问题，而这个时候进度已经接近临界，离发动机试车只有不到一个月的时间。

这可耽误不起！史晓宁带领团队不分昼夜地泡在试验室，人们现在都调侃"996"的工作模式辛苦，但那个时候的他们实际上是"7×24"的工作模式。辛苦付出终于带来了积极回馈，在最后一次系统联合试车的时候，各项指标都达到了要求，试车取得圆满成功，整个团队也备受鼓舞。

攻关模态试验

在力箭一号运载火箭研制过程中，模态试验是攻关的主要瓶颈。运载火箭的模态试验是为了确定火箭的动态特性或适应能力而进行的地面试验。

在综合考虑降低成本的因素后，团队采用了很多液体火箭的结构形式，即用蒙皮桁条和铸锻相结合的方式。这是将固体运载火箭和液体运载火箭常用的方式进行了融合，可以有效减少重量，增加火箭的推力和有效载荷，同时这样的结构设计可以有效地统一和标准化地面工装设备，提高火箭的生产效率。

但这也给模态试验带来了全新的挑战。蒙皮桁条结构容易出现火箭刚度降低的问题，在模态试验中会影响数据的标准程度。为了更准确地模拟火箭在飞行中的状态，经过团队的多次试验，最后用空气弹簧做水平支撑完成了这个试验。

最终，力箭一号运载火箭采用了水平测试、水平总装、水平运输的"三平"模式，这也是国内首次在如此大吨位的固体火箭上采用"三平"模式。

科学家思维

1. 保成功的秘诀其实就是把技术细节摸透，沉淀下来。
2. 无畏向上，才有无限的可能。

首飞之后

2022 年 7 月 26 日，发射前夕，史晓宁浑身都写满了紧张。

"发射前评审通过后，我知道已经无力再改变什么，但还是去了一趟发射场，看了看火箭，期待它的首秀。这是我参与设计的第一个型号的火箭，是从一个概念、一张白纸开始的。在我心里，它和我的爱人有同样的分量。"

首飞成功后，史晓宁没有停下脚步，而是立刻投入技术复盘工作中，提出要从总体方案的角度对整流罩直径、多功能舱的结构设计与配置等进一步优化。

他说："我觉得保成功的秘诀其实就是把技术细节摸透，沉淀下来。在把火箭的每一个技术细节搞清楚的同时，控制住产品质量。在我们的火箭技术成熟以后，优化和更改是必需的，这样才能挖掘这发箭的潜力和性能。"

接下来，他投入新的总体方案设计阶段，进行液体火箭的构型论证，让液体火箭可以承载更大的载荷。

对他而言，投身航天事业是他做过的最酷的事。做成一款火箭或者完成一次发射任务，是他从学生时代便开始的梦想。史晓宁很庆幸自己能全程参与力箭一号运载火箭的研制和发射，他认为在某个火箭型号上倾注自己全部的情感和心血，是非常难得的机会。当然，这也是他梦寐以求的事情。

史晓宁深知，中国航天事业的发展，未来还有很长的路要走，他还有更多需要做的事情。同时他也坚信，中国航天人会在未来不断地创造新的辉煌。

◄◄ 力箭一号运载火箭从酒泉卫星发射中心转运到中科宇航酒泉专有发射工位

结构设计

口述科学家：张延瑞

出生年月：1982 年 9 月

出生地：河北邢台

毕业学校：西安交通大学

喜欢的颜色：蓝色

喜欢的书：《三国演义》

业余爱好：骑行、爬山

科学家小传

　　张延瑞在力箭一号运载火箭的研制上负责火箭结构设计。作为目前国内运载能力领先的固体运载火箭，力箭一号运载火箭在结构设计上采用了固液融合的设计思路，这在国内以前的固体运载火箭上是从未尝试过的。

　　张延瑞敢于创新，他深知创新一方面会带来前所未有的成果，另一方面也会带来无数的挑战和风险。面对这些不确定性因素，张延瑞和他的团队没有胆怯，仍然迎难而上。

　　他很清楚组织把力箭一号运载火箭结构设计工作交给自己的意义，也很了解国家在新时代对航天事业发展新业态的渴盼。组织把希望和重任交给自己，自己就应该竭尽全力、义无反顾地去拼搏。

　　他带领团队成员，将力箭一号运载火箭结构部分的难题分解为固液融合的结构设计技术、安全无污染分离技术、全箭防热技术等 10 多项关键技术，并一一突破。这些突破为力箭一号运载火箭的研制奠定了坚实的基础，也扫清了很多障碍。

火箭科学家是如何工作的

优中选优的结构设计

张延瑞满是自豪地谈起力箭一号运载火箭中的结构设计："力箭系列是我国一款全新的火箭谱系，有别于传统 3.35 米直径的大型液体火箭和直径 2 米以下的固体火箭。力箭一号运载火箭填补了中间这段空白，采用了固液融合的结构设计。"

力箭一号运载火箭的研制实现了国内首个固液融合低成本结构设计，这也是该火箭所采用的最关键且最具创新性的技术之一。

力箭一号小课堂

火箭结构设计师的主要工作是什么？

火箭的结构系统有点类似于飞机的机身，整个框架采用非常坚固且非常轻质的材料制成，从上到下看起来像一个圆筒，这是火箭的基本形状。火箭还需要涂上热防护材料，以防止在飞行过程中空气摩擦产生的热量导致过热。多级火箭在飞行的过程中每一级会相互分离。

火箭结构设计师的主要工作是根据火箭总体设计师提出的设计需求进行具体的结构设计工作，包括火箭箭体结构的选择、箭体防热、各级火箭分离等，与总体设计师沟通协作解决设计过程中出现的问题，同时组织参加各类试验，及时总结并提出整改意见。

力箭一号运载火箭综合了以往两种不同类型的火箭结构设计，在只需要承载轴弯剪载荷的部段，比如火箭的尾段、级间段和多功能舱，采用了蒙皮桁条的结构。这种铆接成型的结构使火箭具有更高的承载效率。而在为火箭提供分离功能的部段上，选择了整体加工的结构形式，保障了火箭的结构强度和分离功能的实现。

"固液融合"的混合式火箭代表了火箭结构系统在技术领域的一个发展方向，在安全、低成本和操作灵活性等方面，优于常规的固体火箭和液体火箭。但同时，"固液融合"的结构也对设计师提出了更高的设计要求，究竟哪一部分更适用于蒙皮桁条结构或整体铸锻结构，需要不断对结构进行调整和测试。

在设计方案时，张延瑞总是能积极调动大家的智慧以确定最优方案。每当讨论中出现相反的意见时，他也总能果断决策，做出正确的判断。

力箭一号小课堂

火箭结构设计的主要方式有哪些？

火箭的结构设计一般有两种方式：一种是使用蒙皮桁条进行铆接。蒙皮桁条是航空航天工业中常用的一种外壳结构，蒙皮通常用硬铝板材制成，被铆钉或黏结剂固定于桁条上，形成火箭或者飞机的光滑表面。桁条是纵横向的长杆，与蒙皮相连，将蒙皮连接起来。可以说，蒙皮桁条的结构就像人体的皮肤和毛细血管。这种模式常用于大型的液体火箭。另一种采用整体铸造或锻造后进行机械加工的方式制造，固体火箭由于直径较小，一般都采用这种方式。

张延瑞在接受中央
广播电视总台关于
力箭一号遥一运载
火箭首飞圆满成功
的采访 ▶▶

作为一枚固体火箭，力箭一号运载火箭在快速飞行的过程中会
受到较大干扰，火箭外部会由于振动而带来剧烈的噪声。这种噪声
环境容易对蒙皮较薄的结构壁面造成较大的声致振动，从而波及火
箭内部的航电设备。

针对这一问题，张延瑞和结构设计团队通过大量的试验来对结
构进行测试，在蒙皮桁条的结构局部增加厚度，以达到对于刚度的
补强，降低噪声和振动的结构响应，使火箭变得更加安全、可靠。

此外，结构设计还有一个难点是如何将蒙皮桁条的结构和整体
铸锻的结构对接。为了保障这两段不同结构之间的传力路线能够连
续，能够在载荷较大的情况下承受住火箭飞行时的弯矩，张延瑞和
结构设计团队进行了大量的数字仿真和试验工作，完成了对传力路
线的优化，保障火箭结构不会在高速飞行的过程中失效。

力箭一号小课堂

火箭的分离系统是做什么工作的？

如果把火箭的结构系统看作火箭的身体骨架，那么分离系统更像是火箭的关节。在多级火箭的飞行过程中，上一级火箭工作完成，需要下一级火箭继续工作，这时便需要上下级火箭进行分离。

分离系统，四两拨千斤

固体火箭的分离比液体火箭难度更大，液体火箭可以通过关闭发动机实现后效推力的归零，而固体火箭的工作原理类似燃放烟花，一旦开始工作，会一直燃烧到耗尽才停止，这会对后效推力产生不小的影响，也会影响级间分离的可靠性。在力箭一号运载火箭的研制过程中，火箭的分离系统是张延瑞负责的工作重点之一。

与国内传统的火箭相比，力箭一号运载火箭有 10 多项重大的技术创新，如中国运载火箭领域第一次使用固液融合结构模式，这些创新使得火箭性能进一步提高。同时，结构的创新也导致接口、环境都是新的，给结构传力、分离工作提出了新的要求。

为了保障每一级分离的成功，张延瑞严格执行公司提出的"更严、更慎、更细、更实"的质量要求，在保障安全的前提下做出了大胆创新。

在分离领域，目前行业内普遍认为，火箭的分离就是要靠热分离的方式，因为这种分离方式经过了诸多成功的工程应用实践，所以备受青睐。张延瑞作为中国运载火箭分离领域的开拓者之一，经过不懈努力，规划出超越行业发展现状的发展蓝图。他提出，火箭分离技术设计水平的提高关键在于"两个超越"：一是要超越现有的设计思想，大胆创新；二是要超越大家的期待，特别是在三四级分离时要将对卫星的环境污染降到最低。

为了实现这两个超越，张延瑞带领团队加班加点地反复试验。前期的试验过程中，总会因为新结构出现新的复杂问题，比如结构部段使用外翻框和内翻框一起组合且载荷比较大的情况下，端框的位置就会受到较大的弯矩，使张延瑞需要带领团队不断优化这种新结构，比如让传力路线更连续，防止结构失效。

有时，张延瑞也会在有了新的想法后，自己提前进行计算，减少团队的压力，一遍不行就根据结果再修改重做。一遍又一遍推翻重来，不知道经历了多少个日夜交替，张延瑞和团队总算取得了想要的结果。为了确保计算结果的准确性，他们又通过几次试验对理

张延瑞参加力箭
一号遥二运载火
箭发射任务 ▶▶

想成果进行最后的核实，确保在力箭一号运载火箭的实际发射过程中分离不会出现问题后，最终才确定了方案。

工作纷繁复杂，每个人都面临着巨大的压力，但张延瑞早已学会顶住压力，沉着地应对难题。在处理多如牛毛的事情时，他秉承一贯的认真劲儿，从小事做起，严抓细节，取他山之石，学习国内外其他型号火箭的研制和管理经验及先进的技术，换个角度看问题、找思路。

在力箭一号运载火箭研制的过程中，张延瑞细化了三四级分离的方案设计，摒弃传统的热分离能源，大胆地采用冷气推冲分离装置。此外，他还大胆进行流程优化，充分采用数字化的工作方式，完成分离方案的研制，并进行多次试验，获得了新技术研制过程中大量的宝贵数据，也证明了设计的可行性和正确性。

力箭一号运载火箭采用的冷气分离装置能够通过将储存的高压气体作为能源，经过喷管将气体扩张膨胀，使压力能转换为速度能，从而产生冲量，将两级火箭分开。这样既不会对卫星的环境产生难以预估的影响，同时因为采用了高压气体作为能源，也不会对太空环境产生污染。最关键的是，这种气动方式方便测算，几乎完全克服了以往火箭后效推力的影响。

精心设计的防热系统

火箭在高速穿越大气层时，其外壳与大气摩擦会导致高温，尤其是火箭尖端的温度会高达上千摄氏度。随着火箭飞行速度的加快，这个温度还会继续升高，直至脱离大气层。如果这个阶段没有足够的防隔热措施，火箭外表的金属外壳将会变形甚至融化，火箭内部的电路板、元器件、精密仪器等将会烧穿、变形，导致整个飞行任务失败。

力箭一号运载火箭的防热系统设计是张延瑞的得意之作，在设计时主要考虑了两个方面：一是保证防热系统的重量要轻；二是在满足防热效果的前提下，提升整体性能。随后他又开展了无比细致的仿真和试验工作。

首先是对防热材料的选择，张延瑞选择用软木和硅橡胶涂层组合的方式来为火箭"防暑"。软木的防热原理非常简单。在日常生活中，暖水瓶的瓶塞就是采用了这种原理。瓶塞在塞紧之后接受水蒸气的热量开始膨胀，木塞空隙变大，里面的空气起到了较好的防热效果。

张延瑞检查
火箭 ▶▶

软木的优势在于它的导热系数很低，同时密度也不高，重量轻，不会为火箭增负。而且软木的抗烧蚀能力比较强，保障了火箭在高速飞行中的安全。所以火箭前端的整流罩的柱段就使用了软木进行隔热。

由于飞行过程中空气在整流罩的端头更集中，导致温度远高于火箭箭身，所以张延瑞对此处的防热层进行了加厚，同时选用硅橡胶来做防热涂层。这种硅橡胶的结合力和抗烧蚀能力比软木更胜一筹，以使整流罩中的卫星不会受到高温影响。

火箭的箭身并非一个光滑的柱体，而是会有一些局部凸起物，如外置天线。在火箭飞行过程中，这些凸起物也会经受巨大的空气对流和辐射热，所以这些局部的防热也极其重要。张延瑞为每一块凸起都穿上了"小衣服"，设计了相应的防热套，同时将发动机的喷管进行整体防护，尽量降低发动机对于舱内设备和电缆的影响。

实践证明，在严、慎、细、实的工作下，力箭一号研制团队打造的产品是经得住考验的——2022 年 7 月 27 日，力箭一号运载火箭首飞成功。2023 年 6 月 7 日，力箭一号遥二运载火箭又将 26 颗卫星精准送入轨道。

科学家思维

1. 困难面前不能退缩，解决一个就前进一大步。

2. 在处理多如牛毛的事情时，他秉承一贯的认真劲儿，从小事做起，严抓细节，取他山之石，学习国内外其他型号火箭的研制和管理经验及先进的技术，换个角度看问题、找思路。

火箭空中分离

口述科学家：明爱珍

出生年月：1989 年 4 月
出生地：山东潍坊
毕业学校：北京航空航天大学
喜欢的颜色：红色
喜欢的书：《三体》《百年孤独》
业余爱好：读书

科学家小传

　　当力箭一号遥一运载火箭呼啸而起时，明爱珍看着指控大厅的屏幕上，火箭三四级分离成功、卫星按照预定轨道入轨，忍不住眼角闪烁出泪花，心情久久不能平静。

　　2007年，明爱珍站在名为"求学"的道路上，这条通向未来的大道也是她的命运转折点。那时候的她还不知道，经历了在山东大学和北京航空航天大学的寒窗苦读之后，有朝一日她会成为一名为中国航天事业效力且作出重大贡献的航天人。

　　毕业之后，明爱珍延续了研究生时期的方向，进入航空研究所从事航空领域的单机产品研发工作。这是一项重视细节的工作，所涉及的航空产品的每一个端口、结构上的每一面甚至每条线，都需要明爱珍去反复核对。这个工作要求也逐渐成为她的习惯，伴随她来到力箭一号研制团队中。

　　后来，明爱珍从航空行业转战航天领域，在力箭一号遥一运载火箭当中，主导设计了国内首创的冷气推冲分离装置，使三四级火箭实现完美分离，这也是我国火箭分离技术上新的突破。

火箭科学家是如何工作的

    刚进入力箭一号研制团队，明爱珍就接到了为三四级火箭设计分离装置的艰巨任务，对一个正处于职业转型期的青年科学家来说，这是一个巨大的挑战。火箭的研发和航空单机产品的研发有很大差异，火箭工程更强调整体设计，每一个部件的改动都会影响到整体的可靠性。明爱珍顶着跨行的压力，一边查阅国内外大量的火箭设计论文自学，一边如海绵般吸收同事和领导的成功设计经验。

力箭一号小课堂

火箭的分离系统主要是做什么的？

    多级火箭在飞行的过程中，会按照一定的顺序分离各个子级和所运载的航天器，并最终将航天器送入既定轨道。以力箭一号运载火箭为例，在飞行时，它的先后分离顺序分别为：一二级分离，二三级分离、整流罩分离、三四级分离，星箭分离。

    为了保障分离过程的安全、平稳，科学家们设计了火箭的分离装置。这类分离装置兼具连接、解锁和分离各级火箭的功能。运载火箭的分离有冷分离和热分离两种。

    热分离是靠前面一级火箭发动机喷出的高温燃气流把后面一级火箭推开，因此前面一级发动机在连接件解锁时就已经点火了。

    冷分离方式中，加速两个子级火箭分开的力量装在后面一级火箭上，它会产生反推火箭的推力，所以前面一级火箭的发动机要在前、后两级火箭分开后才点火。

在设计分离系统方案时，每天下午 4 点，总工程师会雷打不动地带着大家开"碰头会"，厘清研发思路，完善方案。

重压之下，明爱珍凭借扎实的专业素养和严谨的技术思维迅速成长起来，完成了冷气分离装置的设计。这一国内首创的设计不仅具备良好可靠的分离能力，而且使用了清洁能源供能，不会污染太空环境。这一独创性的设计作为一项重大技术突破，获得了国家新型实用专利的认证。

在力箭一号的研发过程中，明爱珍还有不少这样的技术突破。提到这些成绩，她显得云淡风轻：一方面是因为在首飞圆满成功之后，她便火速投身到力箭一号遥二运载火箭和力箭二号液体火箭的研发生产之中，她并不在意往日的成功；另一方面，在力箭一号研制团队中，每个人都有自己的真本事，像她一样拥有多项发明专利的青年科学家不在少数。

设计分离系统时的三个问题

力箭一号是目前我国运载能力领先的固体火箭，由四级火箭组接而成，每一级火箭由分离装置相互连接。在火箭发射的整个过程中，各级火箭在完成预定的飞行任务之后会逐级脱落，减轻火箭整体结构的重量，让火箭能够顺利飞向太空。

分离装置对于各级火箭的成功脱落至关重要，它兼具连接、解锁和分离各级火箭的功能。力箭一号运载火箭在发射过程中，总共需要经历 5 次分离过程，分别是一二级分离、二三级分离、整流罩

明爱珍在观察
分析返回的数
据情况 ▶▶

分离、三四级分离和星箭分离。每一级火箭分离采用的分离方式都
需要进行有针对性的设计。

　　刚开始，明爱珍觉得分离系统的设计并非想象中那么困难，她
需要做的是首先明确工作要求，再根据任务需求进行设计，进而转
化成任务清单，然后由配套的生产单位根据任务清单完成分离产品
的落实。但很快问题出现了，首先便是和配套单位的沟通。

　　出现的第一个问题是明爱珍在设计时，对分离系统的设想没能
涵盖火箭实际飞行过程中复杂的需求，火箭系统的整体复杂性超出
了明爱珍最初的想象。

　　第二个问题是她发现有些配套工程单位由于缺少新品制造经验，
并不具备实现设计要求的能力。

　　最后一个问题就是她在提出指标后，有的配套工程单位由于长期
生产工业产品，而非专注于航天领域，对工程的施工管理不够细致，在
精度上无法匹配火箭的标准，导致最终工程样机和明爱珍想象的不一样。

这三个问题出现后，让明爱珍很有挫败感，她花了很长时间来梳理自己负责的系统中每一个结构的技术细节，这样她也在力箭一号研制团队中真正地成长起来。要做好火箭分离系统的总体，只有深入地了解火箭的总体、各分系统及各个接口详细的技术细节，才能把工作做对、做成。

一时的挫败是为了收获更多的经验，明爱珍在短暂的调整后，迅速转变了自己的思路。经过大量的文献查阅和试验验证之后，她很快便确定了每一级火箭的分离系统设计方案。

创新使用冷分离技术

一二级火箭分离选择热分离方式，在分离时，点火的二级发动机喷出的高速燃气流会喷射在一级火箭上，一级火箭在冲击下逐渐降低速度并脱离火箭主体。二三级火箭分离采用的是冷分离方式，在二三级火箭之间安装了小火箭作为分离能源，随着分离指令的发出，小火箭点火，将二级火箭反推出去，远离火箭主体，从而实现分离。

三四级火箭分离采用冷分离技术，即两级火箭解锁分离后上级再点火，这样就需要有分离能源装置完成两体的分离。

明爱珍和团队采用了可检可测、无污染的冷气系统作为分离能源，这也是分离方案着重攻克的技术难点之一。冷分离技术的核心就在于上级火箭是在下级火箭完成分离之后再点火作业，这对于火箭的结构设计、飞行姿态以及分离装置的可靠性等各个环节都提出了更高的要求。此外，冷分离技术是未来实现火箭可回收重复利用的关键一环。

以往的火箭常常采用已经非常成熟的热分离技术方案，比如搭载了"神舟"载人飞船的长征二号 F 火箭。但是热分离的劣势在于，由于上级火箭会在下级火箭未分离时便开始点火，高温往往会将下级火箭烧得面目全非，这也导致下级火箭只能作为一次性火箭，无法被回收再利用。

设计冷气推冲装置

为了弥补这些劣势，明爱珍发明设计了新的冷气推冲装置，这是一套以高压气体作为能量来源的分离作动系统（我们常把能够主动实施控制的部件称为作动器，"分离"这一动作便是一种主动控制，而作动器组成的系统被称为"作动系统"）。它不仅能够确保将上下级火箭分离，而且因为采用了高压气体作为分离装置的能量来源，也减少了环境污染。这套冷气分离装置为将来的可回收液体火箭打下了坚实的技术基础。

冷气分离装置的原理其实很简单，就是在两级火箭之间装上推杆，整个工作过程由充气段和做功段组成。充气段负责执行运送高压气体的任务。当系统按时序发出阀门信号后，阀门打开，高压气体充入推冲装置空腔中。空腔中气压逐渐升高，直至达到平衡点。做功段负责将气体的压力转化为推力，当推冲装置内部蓄足高压气体后，待分离的两级火箭体解锁时，推杆便会在高压气体的作用下迅速推出，从而实现两级火箭的分离。

　　这种类似弹簧的工作原理看似简单，但在研发过程中，往往是越简单的部件设计越困难——它要求科学家具备一针见血的洞察力和分毫不差的工程能力，只有足够精确才能做到足够简洁。为此，明爱珍和团队也走了不少弯路。

　　冷气分离装置最初的设计由三节推杆组成。考虑到高压气体在推杆的气路中快速运送的安全性，输送管路上还安装了减压阀，以保证内部气压的稳定。然而模拟试验时，这个看似完美的装置出现了意想不到的问题。

　　团队经过研究发现，装置的推力平衡速度达不到火箭高速分离的要求。如果按照原理样机，三节启动杆的气压下降很快，气压平衡速度就跟不上推杆推出的速度，也就是两体分离的速度，导致高压气源能量的利用率很低。除此之外，三角形布局的推杆可能会让四级火箭产生姿态偏差，从而影响后续的飞行。如果采用轴对称布

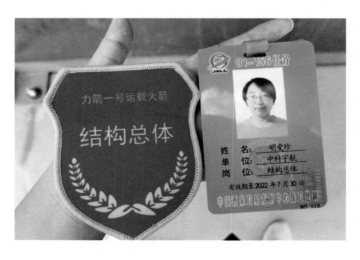

◀◀ 明爱珍保留了出入酒泉卫星发射中心的证件，这是她第一次参与火箭发射任务

局，则不能产生将火箭推偏的量，导致被分离掉的三级火箭还会沿着既定的火箭飞行通道继续推进（每一级火箭的动力在设计上都会保留一定的飞行余量），最终可能会追及四级火箭并发生碰撞。

推杆和减压阀

减压阀的设计也出了问题。减压阀的设计最初是为了保障推杆在气压下弹出时，杆内存储的气压变化不会过于强烈，在减压阀的控制下能够保证稳定、安全地释放。但在火箭飞行过程中，因为发动机燃烧、气流撞击壁面等造成振动、冲击，减压阀中起到关键作用的弹性元件（比如膜片、弹簧）在受到冲击之后会出现性能不稳定的情况，这就为火箭分离的可靠性带来了隐患。

为了设计出更加可靠和高效的冷气分离装置，明爱珍夜以继日地修改方案。功夫不负有心人，最终问题都得到了解决。针对三节推杆的速度问题，明爱珍提出将三节推杆改为两节。虽然三段式推冲装置的作用距离长，但是第三段推杆在设计上会导致推杆空腔的初始容腔变小，最初储备的高压气量也小，而且第三节推杆对于下级火箭的作用面积和压强都很小。这些客观条件导致了推杆的推力很小，所以才会出现冲量不够的情况。

为了增加冲量，明爱珍创造性地提出储气式推杆的新型设计。她首先把推杆加粗，然后掏出一个空腔，用来储存高压的气体。在气瓶进气的时候，先在推杆里存一部分气，让其本身就有很多的高压气体能量，以达到增加冲量的目标。最终试验也验证了这一想法是可行的。

三节推杆改成两节之后，推杆的布局问题也被明爱珍顺手解决了。她在两节推杆的对称布局中加入了一套冷气推偏系统。在分离时，推杆负责推动火箭分离，而这套新的冷气推偏系统则负责将下级火箭推离原有轨道，防止撞击现象的发生。

明爱珍也取消了减压阀门的设计。对于这一改动的可行性，她心里也没底，但是凭借多年的科技攻关积累下来的技术敏感性，她推测将三节推杆改为两节之后，推出装置空腔也会增大，通过控制推出装置和气瓶的体积比例、气瓶的初始充气压强，在阀门打开后，气体压强会达到自然平衡，从而控制压强，这样就可以拿掉减压阀，减少不可控的风险。

为了验证去掉减压阀不会对火箭分离产生不良影响，明爱珍原本计划通过试验来证明自己的猜想是正确的。然而试验需要排期，而此时火箭已经进入投产的流程中。

不能等了！研制周期吃紧，肯定不能等到试验完再定上箭的方案，明爱珍清楚地知道，必须把这个气路仿真得特别好，因为这是唯一的办法。

气路就是气体从气瓶经过阀门、管路达到推冲装置的流通管路，是气体行进路线。气路的细节模拟难度很高，因为管路折弯、管壁粗糙度等都会影响管路流阻。而阀门方面，零件多、结构复杂、流道曲折，也对模拟造成很多困难。为了获取接近真实的数据，明爱珍先是自学了工程热力学和仿真软件，然后尽可能地把模型建设到最详细的程度，并且不断地调整参数，最终模拟出的结果非常真实，完美证实了她的猜想。

脚踏实地，高效务实

务实的工作作风并非明爱珍一个人的特点，整个力箭一号研制团队都具备这样追求实干的精神。在解决力箭一号的防热问题时，明爱珍的经历佐证了一个高效的团队是如何运转的。

由于力箭一号运载火箭的壳段结构有铸造壳段和蒙皮桁条铆接壳段两种形式，而蒙皮桁条铆接壳段的防热要求和铸造壳段完全不一样，铸造壳段的金属壁很厚，而蒙皮桁条铆接壳段的金属壁很薄。明爱珍在前期做了大量的计算仿真来划定防热效果的区间，但是仿真的数据需要试验来验证。

可在那个时候，能做这个试验的试验室排期已满。为了不耽误进度，明爱珍果断决策，带着同事直奔河北某集装箱工厂定制符合要求的集装箱。

这是一个大胆的选择，火箭的防热涂层效果试验能不能在集装箱内得到准确可靠的试验数据，明爱珍也不敢确定。经过跟领导简单沟通，获得首肯之后她快速决定使用集装箱来进行防热试验。

类似情况发生过不少，只要技术或者研发模式上的创新能够对火箭研发起到推动作用，力箭一号运载火箭的项目决策层都会点头同意，无论这样的创新看起来有多么天马行空。

越简洁，越高级

明爱珍很欣赏美国 SpaceX 公司首席执行官兼首席技术官马斯

克的设计理念，尤其是他曾经提出的"SpaceX 火箭五步设计理念"，这也是明爱珍在设计产品时的目标。

马斯克的设计理念包括：

让你的要求不那么愚蠢；

去掉零件或者减少工序；

继续简化或者优化；

继续将设计的循环周期提速；

实现自动化。

这一理念的核心，便是不断追求更加简洁的设计，使火箭的研发从一个复杂的系统工程逐渐转变成更加模块化、可复制、高自动化的工业流程。

明爱珍在火箭分离系统的设计上也参考了这一思路，追求简洁成为她进行结构设计时的目标。她坦言，往往一个看起来更简单的设计，对能力的要求更高。

科学家思维

在研发过程当中，往往是越简单的部件设计越困难——它要求科学家具备一针见血的洞察力和分毫不差的工程能力，只有足够精确才能做到足够简洁。

动力设计

口述科学家：赖谋荣

出生年月：1975 年 4 月
出生地：四川资中
毕业学校：西北工业大学
喜欢的颜色：蓝色
喜欢的书：人物传记类、散文类
业余爱好：锻炼、读书

科学家小传

　　赖谋荣 2002 年从西北工业大学航天学院航空宇航推进理论与工程专业毕业后，踌躇满志地踏进了中国航天科工集团第 31 研究所的大门，开始负责动力系统的研究设计工作。

　　中国航天科工集团第 31 研究所是目前我国集预研、研制、生产、保障于一体的，配套完备，门类齐全的飞航动力技术研究所。这里是航天发动机领域的圣地，也是赖谋荣在求学时一直憧憬的殿堂。

　　经过一年的拼搏，2003 年 2 月，赖谋荣就代表研究所向上级单位做技术评审汇报工作。同时，他参与了国家重要型号的项目研制工作。因为任务的特殊性，赖谋荣明白，为了完成任务，他必须和时间赛跑，不断突破自己的极限。

　　2008 年，赖谋荣评上了主任设计师。在一线研发岗位，他一干就是 10 多年，参与了我国多个重要的武器型号、火箭型号的动力系统研发设计，从青涩少年蜕变为航天发动机领域的技术专家。

火箭科学家是如何工作的

2018 年，力箭一号运载火箭开始立项，考虑到这是一型技术难度高、行业影响大的固体火箭，团队找到了赖谋荣来主管火箭动力系统的设计和研发。

作为一型四级固体动力配置的运载火箭，力箭一号运载火箭的起飞重量达到 135 吨，起飞推力达到 200 吨，总长 30 米，芯级直径 2.65 米，这是我国航天事业发展史上一款全新的固体火箭。

赖谋荣负责的研制工作包括：四型固体发动机和四型发动机喷管摆动所需的伺服系统、滚控装置、末修姿控动力系统等。

力箭一号小课堂

火箭的伺服系统是什么？

火箭的伺服系统就相当于火箭的"方向盘"。

它的工作地点在火箭的发动机舱，这是火箭上工作环境最"残酷"的地方，不仅空间狭窄，而且在火箭点火后是高温环境，并伴有剧烈的振动。相比卫星的"头等舱"，火箭的伺服系统的工作地点就是"锅炉房"。

工作环境虽然很恶劣，但工作是个精细活儿，不管是十吨还是百吨级别的发动机，当收到一个毫安级的电流信号，火箭的伺服机构可以通过"四两之力"推拉着发动机摆出一个角度，实现推力方向的控制，实现火箭的俯仰、偏航、滚转等飞行姿态。如果没有火箭的伺服系统，火箭就会变成"窜天猴"，无法精准、稳当地将乘客送到太空。

与汽车、飞机的动力系统相比，火箭配套的动力装置的工作载荷更高，工作环境更恶劣，因此要采用特殊的材料和更加合理的结构，以保证各类动力装置顺利地完成工作。赖谋荣在设计上还考虑了在保持推力的同时，尽可能地缩小发动机的体积和质量，为载荷提供更多空间。为达到这些目的，力箭一号动力系统的材料选择非常严格，加工工艺也更加复杂，设计难度可想而知。

作为力箭一号运载火箭动力系统的负责人，赖谋荣虽然拥有多年的动力系统工作经验，但在面对这款全新的固体火箭时，以往的经验不再适用，他需要走出一条创新之路。"难？不怕！钻进去就行"，他一如既往地怀揣着对新技术的渴求，从新的起点出发，走向更远的目的地。

力箭一号小课堂

什么是末修姿控动力系统？

末修姿控动力系统是火箭上非常特殊的一部分动力系统。在多级火箭飞行过程中，每一级火箭都会在燃料即将耗尽时进行分离，这种分离过程很像田径中的接力跑，在前一棒和后一棒交接时，前一棒往往会降低奔跑速度，而后一棒会向前跑一段距离进行加速，等到两名运动员跑到相近的速度时再平稳地交棒。末修姿控动力系统的作用就是在卫星和火箭最后分离时，对卫星和末级火箭进行微小的速度修正，让卫星能够以更准确的速度精准地飞入预定轨道。

全新的球形发动机

力箭一号的四子级固体火箭发动机采用了国内首创的新型球形异构发动机。赖谋荣全程参与了这款新型发动机的设计,与由他牵头的专家组和中国航天科工集团第四研究院的科学家共同完成了大量科技创新,进一步丰富了我国固体火箭发动机的序列。

从载荷上看,因为球形发动机的壳体结构在承内压能力上的表现非常出色,所以当发动机的工作压力一定时,球形的壳体能够用更少的材料承受更大的压力,有效减轻发动机燃烧室的结构质量。此外,研制团队针对这种球形发动机设计了新的安装连接方式,在保证结构强度的前提下减轻了发动机的结构质量,增大了火箭的载荷能力。同时,通过发动机球形壳体与箭体结构的协同设计,提供了更大的箭上空间。

球形发动机在制造工艺上也进行了大幅创新,使用了 PBO(聚对苯撑苯并二噁唑的简称)纤维材料作为壳体材料。这是 PBO 纤维材料首次在国内固体发动机上实现工程应用。PBO 纤维的综合性能优于常用的碳纤维,强度和模量更高,密度却更低。同时,PBO 纤维的耐冲击性、耐摩擦性和尺寸稳定性非常优异。这使得采用 PBO 纤维生产的球形发动机燃烧室壳体质量更轻、环境适应性更好。

在使用了新材料、新构型之后,为了保障发动机的可靠性,赖谋荣和研制团队做了大量的试验验证工作,以保证新型发动机真正经得起实际飞行过程的考验。

◀◀ 赖谋荣正在
调试火箭姿控系
统单机部件

在对研发方案进行理论分析的过程中，设想的发动机安装接口
的单边径向变形值约为 0.8 毫米，但在使用水压模拟飞行压力的试
验中，发动机的形变达到了 6.64 ~ 6.8 毫米。对于发动机来说，即
使是不到一颗豆子大小的形变量，也可能会造成巨大危险。

经过多方分析论证之后，研制团队把问题定位在发动机与安装
框架之间的协调性上。为了找到问题的根源，赖谋荣带领团队把这
个球形发动机拆了个干干净净，逐段分析该从什么环节入手来增加
结构的强度。

经过沟通和讨论，承研四级发动机的中国航天科工集团第四研
究院的科学家团队提出了一种新方法：改进该型发动机燃烧室壳体
的缠绕铺层工艺参数，并采用逐次铺层的分析方法对改进效果进行

评估。通过迭代，确定了燃烧室壳体改进缠绕工艺状态。同时，为进一步提高发动机与箭上发动机安装框的结构协调性、减小发动机变形控制技术压力，他们把发动机的安装结构在轴向上进行了加长，以减缓发动机变形载荷向安装框的传递。

经过改进之后，这款新型发动机在水压试验实测中的单边径向变形量缩减至 1.9 毫米。同时，把经过试验后的发动机壳体与四级火箭整体进行了联合试验，也验证了改进后的壳体与安装框在工作状态下的协调性。

和长征六号甲运载火箭共享的伺服系统

力箭一号运载火箭动力系统中的一二级发动机为新研制的大型固体火箭发动机，其配套的摆动喷管尺寸大、作动力矩大，使得一二级发动机摆动喷管配套的伺服系统也成为力箭一号火箭的新研制系统。

伺服系统是火箭动力单元的关键分系统，其工作可靠性关乎发动机能否正常按指令为火箭提供姿态控制需要的矢量推力。这套新研制的伺服系统不仅应用在力箭一号上，而且也应用在我国长征六号甲运载火箭上。

从方案确定到工程阶段，研发团队遇到了伺服系统不同时工作的问题。在一二级伺服系统上安装有两个伺服驱动通道，本该是一同工作的 A 通道和 B 通道，却无法在伺服系统自身的一个控制周期内完成同样的规定动作。而是会出现 A 通道控制计算、完成输出，但 B 通道控制计算未完成、最终不能输出的情况。在这个过程中，B 通道的电机转速明显小于 A 通道的电机转速。

为了解决这个问题，研发团队重写了控制伺服系统的函数，以减轻控制计算机的计算载荷，确保在一个控制周期内完成两个控制通道的指令计算输出。经过计算调整后，重做的软件在伺服系统的空载测试和带载测试中都能良好控制 A、B 两个通道，完美地解决了这一问题。

遇到问题和解决问题

伺服系统设计、生产之后，赖谋荣带着研发团队进行了一轮与发动机的联合试验。在试验中，伺服系统暴露了一个问题：伺服系统在额定负载下的最大角速度不能满足当时团队提出的设计要求。

在设计上，一型伺服系统的最大角速度要求大于等于 25°/s，但在实测中只能达到 21°/s。经过分析和试验验证，他们发现伺服系统电机具备提供理论上的最大角速度的能力。也就是说，问题不是出在硬件上，很可能出在了控制参数上。伺服系统整体的控制策略和控制参数设计得较为保守，这才导致它不能发挥自身能力。

针对这个问题，研发团队采取了两项改进措施：一方面优化了电机控制参数，在保障稳定控制的前提下，大胆提高了电机的最高转速；另一方面依据电机的控制指令与电机实际运动之间的时间差异，重新设计了一套电机相位角补偿的算法，根据实测的电机转速对之后的指令进行预测。

这套算法减小了控制指令与实际情况之间的差异，提高了电机电力的转化利用效率。最终经试验验证，改进后一型伺服系统的最大角速度能够达到约 27°/s，甚至突破了之前理论设计的极值。

为加强伺服系统的可靠性，赖谋荣往返于上海的研究所和北京的试验室之间，深入工程车间的一线，摸排问题，进行大量试验。这款新研的一二级伺服系统最终不仅在力箭一号运载火箭上表现出色，而且为长征六号甲运载火箭的成功首飞起到了推动作用。这不仅是一枚火箭的胜利，也是整个行业的进步。

新的修改思路

在火箭飞出大气层的过程中，火箭的一子级工作起着决定性的作用。为了保证火箭在飞行中不会因为大气的摩擦而发生滚转或过快滚转，火箭一子级上都会搭载一套滚动控制装置，帮助火箭控制在大气层中飞行的滚转姿态。

尽管力箭一号运载火箭一子级采用的滚控装置在技术上已经非常成熟，但在产品试验中，滚控装置仍然出现了燃气分配阀漏气，最终导致阀芯卡死的问题。在对试验产品的残骸进行详细分解检查之后，赖谋荣和研制团队最终确认是石棉密封垫片与其贴合的金属密封面之间出现了微量燃气泄漏通道，从而导致这个滚控装置的阀门"不听使唤"。

问题出在石棉垫片上，研制团队瞄准了这一点。滚控装置的生产单位和力箭一号研制团队一起复盘了试验的过程，最后提出了两个不同方向的修改思路：一是赖谋荣提出的，他考虑到这次试验失败也许是因为生产过程中有些环节不够精细，所以他要求配套单位细化设计要求、精细化生产过程控制；二是专家组提出的全面修改设计方案，彻底去掉燃气泄漏通路，从根本上杜绝燃气管道的侧漏，同时也对生产工艺提出了更高的要求，这存在一定的技术风险。

全面修改设计方案还会使研发和生产周期拉长。赖谋荣多年丰富的一线研发经验在这时起到了至关重要的作用，他在考虑了技术风险、火箭的研制周期后，将这一失败型号的燃气分配阀的设计状态与其他几型燃气分配阀的设计状态进行了详尽对比，大胆判断问题就是出在石棉垫片上，无须全部推倒重来。凭着严谨的论证，赖谋荣最终说服专家组选择了这种修改思路——细化生产工艺控制。

◄◄ 赖谋荣正在给同事讲解火箭的滚控装置

为了更合理地确定细化后的设计要求和生产工艺控制要求，赖谋荣和研制团队陆续对燃气通道的密封结构所选用的特殊非金属材料进行了多类单项试验。事实证明赖谋荣的判断是正确的。

经过大量的试验之后，确认了问题出在石棉垫片的安装压缩率上。从安装石棉垫片的环节开始，赖谋荣对这一故障点位的每一个装配步骤都提出了细致要求，包括在安装前需要实测石棉垫片的厚度，要求每一个测量值和平均值符合设计要求，实测石棉垫片安装槽的深度，控制石棉垫片安装过程的工艺螺钉拧紧力矩不得大于最终安装螺钉的拧紧力矩，安装后的石棉垫片实际压缩量也要重新测量，保证符合设计要求。

经过层层把关，调整过后的滚控装置在后续每一次大型试验中的表现极为可靠，为力箭一号运载火箭首飞圆满成功提供了有力的保障。

每一次试验都是新的挑战

作为目前国内运载能力领先的固体运载火箭，力箭一号运载火箭的各级火箭发动机在性能上的表现也尤为突出，这样稳定可靠的表现是经过多次大型联合试验磨合、修改出来的成果。

力箭一号运载火箭一级火箭发动机是一个近 80 吨的庞然大物，也是能够将力箭一号运载火箭发射上太空的动力核心。为了保证这个核心引擎稳定可靠，赖谋荣和研制团队做过两次联合试验。第一次试验于 2019 年 9 月在西安试验区进行。该项试验验证了一级发动机的性能和结构、一型伺服系统与发动机安装的结构协调性和匹配工作性能，同时也暴露了伺服系统在高速运动的情况下会出现一些电路过流保护的问题，以及火箭一级尾段存在防热不足的问题。

经过了大量的调试工作，赖谋荣和同事一起解决了伺服系统的问题，也加强了发动机尾部的防热。2021年1月，试验场迎来了力箭一号运载火箭一级发动机与伺服系统的第二次联合试验，这次试验验证调试后的发动机和伺服系统运转良好。

在第二次一级发动机伺服系统联合试验完成后，次日便开展了二级发动机、伺服系统和一二级分离系统的"三合一"联合试验。这个大型联合试验之所以紧跟着上一次联合试验，是因为一二级发动机有相同的技术，伺服系统在硬件和软件的工作原理上非常接近，只是安装结构不同。之前试验得到的成功经验可以沿用到后来的试验中，巧妙地节省了时间成本。这项联合试验验证了二级发动机的一系列性能，取得了多项成果。

四级发动机作为一款全新的球形异构发动机，赖谋荣和研制团队在其中倾注的心力也是最多的，一共进行了两次试验。首次四级发动机与伺服系统联合试验是在2020年12月底，于西安试验区进行。第二次四级发动机高空模拟试验于2021年3月在蓝田辋

科学家思维

难? 不怕! 钻进去就行。

川试验区进行，这是唯一一台进行过高空模拟试验的发动机。赖谋荣和同事在试验台模拟出高空条件下的低气压环境，考察发动机在其中的工作情况，验证了设计时使用的真空比冲计算方法的正确性。

实践是检验真理的唯一标准，赖谋荣带领团队前前后后共进行了五次针对发动机工作表现的大型联合试验。从 2019 年 9 月到 2021 年 3 月，在近三年的时间里，他们往返于北京的试验室和西安的试验场，一步一个脚印地完成了试验任务，排除了火箭在发射过程中可能出现的风险隐患，保障了每一级发动机都能按照设计要求完成飞行任务。

求变求新，担当大任

2022 年 7 月 27 日，天空晴朗无云，随着点火指令的发出，在滚滚而来的气浪声中，力箭一号运载火箭拖着明亮的尾焰冲上云霄。

20 年扎根于航天事业，赖谋荣仍然保留着从业之初对航天事业的那份热爱，他总是积极主动地站在发展的角度思考问题，不满足于现状和已经取得的成绩。

在力箭一号研制团队中，作为经验最丰富的技术专家之一，赖谋荣凭借自己多年对航天事业的理解，带出了一支"策划细致、管理严格、作风硬朗、纪律严明"的青年科学家队伍。

整合航电系统

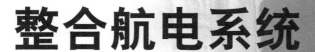

口述科学家：朱永泉

出生年月：1981 年 2 月
出生地：山西长治
毕业学校：北京航空航天大学
喜欢的颜色：蓝色
喜欢的书：《大秦帝国》
业余爱好：旅游

科学家小传

1999 年，初入大学的朱永泉站在北京航空航天大学的门口，他知道面前的这所学校将是他的未来，但尚未意识到，20 年后，他会成为中国固体运载火箭领域测量系统和控制系统的第一个"瘦身教练"。

朱永泉将火箭的测量系统和控制系统合二为一，重新定义运载火箭的航电系统，并取得令人瞩目的成功。

首次研制，国内尚无成功的先例，力箭一号研制团队就想要干这样的大事，而且给自己设定的时间是 2 年。对于当前全球的技术而言，完成这项研制工作最少要四五年，同行们听说后的第一反应都觉得这是天方夜谭。

朱永泉却平静地回复大家说："我们团队一定行，测量系统和控制系统的融合升级一定可以完成！"

这位"瘦身教练"有着钢铁般的意志，他说："我就是喜欢硬刚，喜欢挑战，难度越大我就越想尝试。"

火箭科学家是如何工作的

为火箭"减负"的任务

运载火箭飞行过程中的控制、参数采集与传输，在传统火箭系统架构中由两大系统分管：控制系统和测量系统。为了给火箭"减负"，减少箭上的单机件数量，力箭一号运载火箭的航电团队开始研究如何将控制系统和测量系统合二为一。通过合体来"减负"，这是固体运载火箭领域的世界级课题，难度极大。在行业内，大家都知道这是未来的方向，但真正实施起来困难非常多，很多团队都不敢轻易尝试。

力箭一号运载火箭是中国首款将火箭的控制系统和测量系统合二为一的固体运载火箭。

朱永泉接下这个艰巨的任务后，制定了中国最前沿的固体运载火箭航电系统的重要工作措施，并和团队将工作分为以下几步：

第一步，将控制系统和测量系统所有的功能——分解，再通过排列组合的方式形成核心聚焦，比如控制系统中的导航制导、姿态控制、持续给伺服系统发出指令，以及测量系统中的数据采集等。

第二步，将功能进行组合分类，形成控制系统和测量系统 8 个通用化的模块。这 8 个模块不同的排列组合形成火箭上核心的 4 台综合电子设备。这 4 台综合电子设备分别为：位于火箭四级的飞行

力箭一号小课堂

火箭的航电系统是做什么的？

　　航电系统主要是实现火箭飞行过程中的控制和飞行参数的采集和传输等功能。如果把火箭比作人体的话，航电系统就相当于人体的神经系统和血液输送系统。它既需要把控制信号传达到箭上的各个模块，又需要为箭上的"肌肉"供血，提供电力。飞行过程中所有能够影响火箭飞行动作的部件，都是由航电系统来供电并直接控制。

火箭的测量系统主要测量什么？

　　测量系统主要采集和传输火箭飞行过程中的各种环境数据，包括温度、压力、振动等，而这些数据的测量点分布在火箭各个部段上，依靠各类传感器完成。

控制组合（偏控制）、智能测控组合（偏测量），位于火箭二级的二级一体化组合和位于火箭尾段的数据采编组合。力箭一号运载火箭上的这 4 个组合实现整个火箭核心的控制和测量功能。

　　第三步，将 4 个组合、8 个模块形成的中国最新的运载火箭航电系统在试验室完成技术论证工作。

用软件来定义硬件的超级火箭

　　将测量核心的计算机集成在综合电子设备里，不仅可以做到测量数据的传输和采集，还可以做到一部分跟火箭飞行控制功能上的融合，减少箭上的单机件，释放载荷，降低系统复杂性，为单机功能化、模块化和软件定义硬件提供技术基础。与此同时，整个运载火箭系统的复杂性大大降低。

用数据来直观地描述就是，经过优化后，运载火箭上原有的控制系统和测量系统的设备数量与重量至少减少了50%，为火箭节省了几百千克的有效载荷。

研制过程中要先后攻克许多技术难关，比如对测量系统和控制系统的整合、优化，减少箭上单机件，释放载荷，降低系统复杂性等。这些难题既涉及测量、控制等技术难题，也有大家对于新的航电系统和各分支系统之间如何进行功能划分、对应功能该如何实现对接认识不一致的问题。

单从技术层面来说，最大的难点不是如何将控制系统和测量系统进行融合，而是需要通过融合，在成本方案可控的范围内，以最快的速度通过验证并登上运载火箭发展史的舞台，使中国航天能尽快适应商业化发射市场的需要。

单机功能化、功能模块化，将原有运载火箭上的单机产品的核心功能进行提炼，将功能进行模块化处理，做成统一的、通用的电路板卡，用软件来实现不同的功能组合。

通过这样组合，力箭一号运载火箭便化身为中国固体运载火箭中第一个可以用软件来定义硬件的超级火箭。

在设计思路的引领下，重大难题一个个迎刃而解。以全箭的供配电为例，在技术上做到全部数字供配电，实现了完全数字化的指令，可以控制所有的通道，更加快速、有效地完成测试。另外，火箭采用了锂电池。锂电池有较好的测试性，对比传统的蓄电池，锂电池可以完成周期性的火箭工作，电池的测试性得到了大幅提升。锂电池还可以实现快速回电，在实际生活中也有普遍的应用，可以找到成熟的模块使用，电池本身的数字化也得到了极大提升。通过优化之后，用数字化的指令就可以对全箭的供配电进行综合管理。

在朱永泉的带领下，团队一步一个脚印，终于完成了力箭一号运载火箭的航电系统的研发工作。在 2022 年 7 月 27 日力箭一号运载火箭成功首飞后很长一段时间里，运载火箭的航电系统、力箭一号研制团队、朱永泉的名字，成了行业关注的焦点。

每天都会遇到新的问题

朱永泉记得很清楚，他在 2020 年 9 月 20 日进场驻扎于北京怀柔的试验室。这标志着力箭一号运载火箭工程研制阶段航电系统综合试验正式开始，持续至 2021 年年底试验才真正结束。

回忆起这 14 个月的经历，试验过程非常坎坷，试验过程中大大小小的问题出现了 200 多个，这些问题全部被统计下来。朱永泉后来说："为了确保成功，我们从每一个单机产品开始抓起，直到大型综合试验，每天都在处理问题，而每天都会遇到新的问题。一旦你有不放心的地方，就一定要处理干净，有任何隐患都不能放过。"这种工作状态其实也代表了每一位航天人的工作状态。在种种困难下，航天工作者们如履薄冰，但仍然在努力开创一片新天地。

这 14 个月中，朱永泉印象最深刻的是测发控软件队伍。测发控

朱永泉正在
测试单机件
的功能和连
接情况 ▶▶

软件从开始策划外包到完全自主实现。年轻的设计师队伍从头组建，
完全没有航天软件设计开发经验，需求一点一点挤出来，经历过多
轮迭代优化，直到 2021 年国庆节之前才稳定下来。由于采用了全
新的通信协议和软件组织架构，在试验数据存储上遇到了落盘瓶颈，
且丢数频发，团队经过两周连续攻关，终于通过优化数据结构和存
盘策略攻克了该问题。

　　在怀柔的一年多时间里，朱永泉和整个团队几乎天天都待在试
验室里，每周工作 6 天早已成了常态，更不要提日常主动加班做试
验。"继续做、重新做、再多试几次"，团队中的每个人都不分昼夜，
为了试验的准确性，为了离成功近一点，再近一点，就这样过完了
一年多的时间。就是这样的一群年轻人，他们实现了中国固体运载
火箭前所未有的创新。

　　在力箭一号遥一运载火箭进场后，所有团队成员真正体会到了
什么叫作"严肃认真、周到细致、稳妥可靠、万无一失"的航天工

作作风。航电系统第一次加电就发生三尾摄像装置无输出的异常问题，排故过程中又发生 M1 母线漏电，导致发射场工作计划完全暂停。各种质疑声不绝于耳，研制队伍行不行？航电系统行不行？力箭一号运载火箭行不行？

顶着巨大的环境压力和心理压力，朱永泉每天晚上都要开会、写报告到凌晨三四点，第二天早上 8 点继续上岗，去现场指挥排除故障。这种状态持续了两周，两个问题终于全部得到解决，朱永泉掉秤 10 多斤，团队成员聚餐时更是为这段时间的压力唏嘘不已。

"出问题是好事"，这是朱永泉的口头禅。"不怕出问题，做这么多次测试、试验，目的就是暴露问题。"能在地面多暴露一个问题，飞行成功的概率就提高一点，团队的能力也提升一点。正是这么日积月累地发现问题、定位问题、解决问题，为力箭一号运载火箭首飞成功奠定了坚实的基础，也锻炼出一支能打硬仗、敢打硬仗的队伍。

对于力箭一号研制团队来说，面对困难没有一个人会退缩，大家都是选择咬牙坚持。正是这种吃苦耐劳、坚持不放弃的精神，才打造出力箭一号运载火箭，为中国固体运载火箭的发展作出了重大的贡献。

大国重箭登上历史舞台

三年光阴，朱永泉和团队一起走了过来，迈上了新的台阶。力箭一号运载火箭的首飞圆满成功后，得到了国内外的高度关注，媒体也对这支由青年科学家构成的团队充满了好奇。

接受媒体采访时，朱永泉说："我是力箭一号研制团队的一分子，更是中国航天的一分子。为了中国航天事业的发展，我们愿意拼搏，愿意奉献，愿意冲在最前面。事实证明，我们确实干得很好。"

作为部门的领队，他不仅关注技术研制的进展，还关注每一位同伴的状态。在他的带领下，整个部门士气高涨，大家团结一致，拼搏奋斗，在规定时间内完成了所有的研制工作。

当大家压力达到峰值时，朱永泉总是会带大家去试验室附近的饭店吃饭，一边吃一边讨论问题。朱永泉说自己不太会表达情感，所以用这种质朴的方式帮大家疏解情绪，鼓励大家积极地面对困难，一起解决问题。

科学家思维

每天都在处理问题，而每天都会遇到新的问题。一旦你有不放心的地方，就一定要处理干净，有任何隐患都不能放过。

调试航电系统

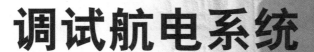

口述科学家：戎旭政

出生年月：1986 年 12 月

出生地：山西忻州

毕业学校：天津大学

喜欢的颜色：红色

喜欢的书：《宇宙与人》

业余爱好：看纪录片

科学家小传

　　作为力箭一号运载火箭航电系统、电气系统的系统指挥，大型综合试验的负责人，戎旭政亲历了每一个试验现场。试验室里反复的演算与调试是枯燥的，但他乐此不疲。

　　他对自己的工作有清晰的要求，对所有产品技术状态、图纸文件、试验过程都了然于胸。他要求自己对航电系统所有细节都了如指掌，不能有任何说不清的地方，图纸文件上的每一处电路和协议的设计都刻在脑子里，每次试验后需要纠正问题的时候都及时处理，绝不耽误进度。

火箭科学家是如何工作的

把线路图刻在脑子里的人

作为力箭一号运载火箭航电系统大型综合测试的负责人，戎旭政不仅负责测试，还和团队负责人朱永泉一起考虑更复杂的事情。

如何完成力箭一号运载火箭航电系统模块化的创新，让火箭的发射变得安全可靠和降本增效，是戎旭政和团队工作的主要方向。相较于传统火箭的电气系统，力箭一号运载火箭的单机件少了很多。

在戎旭政的带领下，团队对力箭一号运载火箭的电气系统进行了整体的集成，将控制系统、测量系统、外弹道系统、安全系统等整合在一起进行供配电。

在数据链路上，将这些分系统进行标准化、模块化区分，减少和统一了数据接口，使整套信息流系统变得更加简化和可靠，大幅降低了分别设计分系统的成本。单机件之间的差异化在集成过程中被消除，使远程控制变得更可靠、更方便。这样的融合既减少了单机件的独立接口，简化了火箭发射和控制的流程，也极大降低了出现电路故障的风险，提高了火箭的安全性。

此外，戎旭政将基于以太网的箭地通信测试技术带到了箭上，他把以太网这一通用化的、商业化的技术，搭载在箭上各个单机件之间，同时在地面上设计监测点，通过将数据下载到监测点，然后

力箭一号小课堂

为什么说火箭研制过程中的试验非常重要？

运载火箭是一种非常复杂的飞行器，分系统非常多，涉及的学科和技术领域很广，生产过程的原材料、元器件的种类也很多，地面操作和飞行过程中经历的环境变化很大。火箭在飞行的过程中，一旦某个系统、组件、元器件由于设计不当、质量不好或者不适应环境而发生故障或者失效，则会导致运载火箭发射失败甚至灾难。因此在研制过程中，科学家们必须进行各种各样的试验，以发现设计上的不足，生产中的缺陷，原材料、元器件质量上的隐患，环境变化引起的变异等不可靠因素，提高运载火箭发射的成功率。

一般情况下，火箭的试验使用分段试验的程序和方法，由零件、组件、分系统到全系统构成。

力箭一号运载火箭的航电系统是中国运载火箭领域的一次重大创新，融合了测控系统和控制系统，因为有大量的设备融合和技术创新，为了保障飞行的成功，需要大量的技术测试。

转化为以太网数据再传到后端的方式，充分利用了带宽来传输大量数据。这对火箭的可靠性和安全性，以及信息流的完整性，起到了巨大的促进作用。

这样的创新突破了传统运载火箭的研制程序，整个团队从立项到首飞只用了 3 年时间。对于研制团队而言，在 3 年时间里完成按常规 5 ~ 8 年才能完成的工作，任务的艰巨和复杂只有他们自己知道。

大量的创新意味着过往的经验有些已不再适用。以戎旭政负责的大型综合测试为例，只有拿着放大镜仔细地看、仔细地查，才能为成功做好保障。航电系统大型综合试验是最磨人也是最消耗时间的工作之一，只有把想到的和没有想到的都测完，这样才能放心。

戎旭政所做的事便是通过综合试验来确保单机设备之间的信息正常交互、箭上配电系统正常工作，以及地面的供电系统和电路顺序能够有效配合等。

力箭一号运载火箭在整个飞行过程中，每一级火箭上的每一个设备在什么时候该供电，什么时候不能有电，需要有一个控制的过程，综合试验就是要把这些搞清楚。

综合匹配试验就是在综合试验室里，把各类单机拿来和火箭的系统接口做匹配性的验证。单机件和火箭系统完成匹配之后，需要做系统之间的流程测试验证，包括总检查流程、测发控流程等。一轮又一轮的试验，都是为了把单机件加入火箭的整体中，确保每一个元件都能够通过系统进行远程控制。

这个系统综合匹配试验其实就是三方面的事情：一是接口的试验，二是协议，三是流程。

在力箭一号运载火箭的研发过程中，为了尽可能降低成本，加快研发进度，系统设计上应用了一些成熟的单机件。其中一些单机件之前甚至不是应用在火箭系统中，而是应用在汽车系统、卫星系统中的。对于这种"没和火箭见过面"的单机件，戎旭政的团队对每一个接口都做了一轮甚至多轮试验来验证可靠性。

戎旭政和团队在力箭一号运载火箭航电系统研制过程中所做过的试验，数量多到自己都数不清。大型试验中的电磁兼容试验、综合匹配试验、发火试验都是由他主导完成的。

一年的大型综合测试结束后，同事都开玩笑说，有问题找戎旭政，他是把线路图刻在脑子里的人。

重复就是为了真正的闭环

在传统火箭上搭载的控制系统和测量系统，各有各的系统壁垒。戎旭政团队对它们进行了统一整合：先是对单机件做了功能化的区分，弄清每个单机件应该负责什么样的功能；接着在总体设计上提出系统里应该由什么样的单机功能组成，根据功能再把单机件组合在一起，把单机件集合成一个模块，并且做到标准化；最后让专业的团队去优化模块的功能和接口指标。

当这些模块进入试验室之后，戎旭政的团队就负责检验接口，核对协议，然后优化测发流程。这样做一方面减少了试验流程的重复工作，另一方面也让火箭上的总体系统变得更可靠。

大量创新背后是海量的试验测试支撑。在近3年的时间里，戎旭政和团队成员们泡在试验室里，不断地重复着试验、验证、更改、再验证的过程，一轮一轮迭代出成熟的模块化系统。

戎旭政说研制火箭的工作可能跟其他工作不太一样，确实有点像永无休止。很多行业都会说把自己的工作做到闭环，但是戎旭政团队的工作就是需要不断地去测试、验证，在火箭起飞前都做不到真正的闭环。这一次闭环就是下一次的开始。

在提到如此复杂的工作时，戎旭政说："力箭一号运载火箭航电系统的设计在大方向上肯定不会有问题，关键是在细节上必须一丝不苟。"为此，他还给自己总结了八字口诀：源头控制，不厌其烦。

每次试验都能暴露出一些未曾设想到的问题，因此，问题的出现、总结和最终的闭环过程，就组成了戎旭政的工作日常。做一次综合试验至少要一个月，之后就是不断迭代、优化，最终达到完美全覆盖的状态，这些需要不厌其烦地重复。

元器件注重质量，要将技术的先进性和可行性相互结合，就需要过关的方案设计和有质量保证的元器件作为基础。要做到兼顾可

戎旭政在查看电气系统的实时数据，监测火箭起竖后的飞控程序遥测数据，保证发射流程正常推进 ▶▶

靠性和安全性的设计，就必须具有可测试性，接口也要进行协调设计，同时还要考虑到多方面的设计试验是否充分，例如设计余量、环境试验、系统试验和考核性试验等。这些试验也要从基础做起。为了确保试验的严谨性和可读性，每次试验都需要反复检查核对，保证数据无误的情况下，才可以应用到实践中。因为一次试验通过不能代表绝对正确，只有在限定的每次试验下都通过才行。

2021 年是力箭一号运载火箭研制取得重要进展的一年。这一年，戎旭政负责的航电系统综合试验和匹配试验顺利通过评审，力箭一号遥一运载火箭进入总装阶段。

生了根的第六感

2022 年 7 月 25 日，距离力箭一号运载火箭的发射日期还有两天。火箭已经竖立在酒泉卫星发射中心的发射场中，远远望去，白色的金属箭体在一片黄沙的戈壁滩中十分耀眼。

为确保两天后的发射成功，力箭一号运载火箭在 25 日上午进行了一次发射流程合练。

在合练中，戎旭政敏锐地发现了问题：地面上的测试数据显示，在地面供电断开之后，仍然监测到来自火箭的微弱电压。

电路问题引起了指挥部的高度重视。指挥部决定立刻进行故障排除。"那个时候我感觉心脏就像被针扎了一样，但是我不慌，因为我大概已经猜出问题在哪里了。"事后回忆起来，戎旭政十分庆幸是在发射之前发现了问题。他丰富的技术经验帮助他快速地定位到问题所在。"从现象看，要么是地供没有断干净，要么是箭上的某些器件受环境的影响，出现电压反灌的情况，灌到了地面上。完成发射合练回来后，试验队在返回基地的大巴车上就开始了讨论，当时这个问题也有些眉目了，但是还不敢确定。那天我们都没吃午饭，一到基地就立刻开始查找一些可疑故障点的器件传回的数据，很快把原因分析出来了。"

4小时后，戎旭政和团队用极限速度完成了对全箭航电系统的梳理和排查，将故障点锁定在箭上交换机上。锁定问题之后，戎旭政代表试验队第一时间向发射主管单位各级领导进行汇报，解释清楚问题发生的原理和机制，同时连夜找到生产箭上交换机的厂家，通宵进行了验证试验。

那个夜晚，戎旭政没有睡，和交换机团队的技术人员一起，用试验结果证明了他的推理。

戎旭政在进行发射前准备工作 ▶▶

有人夸他 4 小时就能定位问题，有人问他为什么这么自信能快速决策，他说："这种敏感是源于之前大量的试验基础，我熟悉每一个试验的过程，每一个试验我做了好多遍，多到我自己都数不清了。因为熟悉，所以才能快速判断，快速定位。"

在中国科学院力学研究所怀柔综合试验室的一年时间里，戎旭政团队的成员们一周只给自己一天休息时间，每天都在试验室忙碌到凌晨。时间一长，项目组的领导担心他们这样忘我的工作状态会影响到身体健康，不得不每天去试验室强制熄灯，把这些科学家喊去休息。令人欣慰的是，每一滴汗水都得到了回报。以往需要 5 ～ 10 年的研发周期，被压缩到了 3 年。高效的研发过程丝毫没有牺牲工程质量，力箭一号运载火箭搭载的卫星被稳稳地送入轨道，入轨精度达到了 545 米，圆满完成了首飞的任务。

保证火箭上每个单机件都能万无一失地工作是个系统性的庞大工程，所以出现问题是常态，如何快速定位和解决问题才是真正的考验。迅速定位并且解决问题的能力，源自戎旭政一年来泡在试验室里所付出的努力。科学的决断来源于丰富的经验，在发射成功当晚，戎旭政被评为"力箭一号质量之星"，那一刻的欣慰和自豪给了他更大的动力。

书写中国运载火箭航电系统的标准

回忆参与力箭一号运载火箭研制的 3 年时间，戎旭政说，那是他人生的一次重大转折。在参与力箭一号运载火箭研制之前，他在中国运载火箭技术研究院 211 厂负责固体型号火箭的测试工作，从路过中国运载火箭技术研究院到进入研究院，儿时投身航天事业的梦想终于如愿以偿。

中国运载火箭技术研究院的工作不仅拓宽了他的知识领域，也对他未来的工作产生了根本影响。进入力箭一号研制团队之后，为了将测量系统和控制系统进行集成，他积极地补习了测量系统的知识。面对火箭设计这样一个复杂的系统工程，戎旭政不仅要考虑飞行控制系统，还要考虑整个电气系统，甚至结构设计、总体设计。只有在充分掌握基础知识的前提下，才能顺利地开展后面的方案设计和试验测试。

当戎旭政真正深入了解了力箭一号运载火箭的航电系统后，他对自己所从事的航天事业有了更强的责任感，他清楚地认识到自己肩负的是中国航天的未来，而自己是未来的创造者之一。在意识到自己的责任与使命的同时，他也看到了自己的差距和不足。为了缩小自己与团队其他专业人员的差距，他经常在休息时间加班加点地学习，有时候为了一个知识点就钻研一整天。

戎旭政就是这样一个典型的中国航天人，受前辈们潜移默化的影响，面对过去的成绩不骄不躁，当作继续前进的动力，保持冷静和审慎的态度，带着乐观的心态和奉献的精神投入新的工作中。

在未来航天事业的道路上，戎旭政希望能够将自己在航电系统内工作的丰富经验总结出来，把火炬传递到更年轻的科学家手中。力箭一号遥一运载火箭首飞圆满成功后，他把自己对于电气系统的设计思路总结成标准化的设计理论，将试验过程中出现的故障进行了系统梳理和总结，为更多青年科技工作者铺平了道路。

在力箭一号遥二运载火箭上，戎旭政带领航电系统的团队成员，对地面测发控软件进行了改良，完成了 32 项技术优化，同时面对力箭一号遥二运载火箭打破纪录的 26 颗卫星分离任务，做出了很多极限配置。每一次发射任务就是一次突破，他和团队投入了大量的精力去设计、修改、分析计算，进行大量试验验证，以确保每一枚火箭都能圆满完成发射任务。

科学家思维

航天事业属于高科技领域，与成功相伴而生的是巨大的风险，发现问题就是最好的问题，在问题中吸取教训，让自己和团队更谨慎，最大限度地避免失败、减少失败。

飞控系统设计

口述科学家：廉 洁

出生年月：1986 年 10 月

出生地：河北石家庄

毕业学校：南京航空航天大学

喜欢的颜色：蓝色

喜欢的书：《高效能人士的七个习惯》
《硅谷钢铁侠》《活法》

业余爱好：读书、运动

科学家小传

　　廉洁从少年时期便在心里种下了投身祖国航天事业的种子。1999年5月，中国驻南联盟（南斯拉夫联盟共和国）大使馆被炸，当时只有13岁的廉洁看着电视里播放出有关"战斧"洲际巡航导弹以及帮助"战斧"进行精准打击的制导系统的报道时，便暗下决心，中国人也要有能在世界上安身立命的后盾，国家只有强大起来才不会受人欺侮。

　　5年后，在填报大学志愿时，廉洁不假思索地把飞行器设计专业作为自己的第一志愿，考进了南京航空航天大学。

　　在大学里，廉洁深入地学习了飞行器设计、飞行器性能计算与分析、结构受力与分析、飞行器故障诊断等知识。在这复杂的学习过程中，廉洁最投入的便是关于飞行器控制系统的学习，这是他对自己进入航天事业立下的"军令状"，一定要在火箭控制领域干出名堂。

　　在力箭一号运载火箭的研制过程中，廉洁负责的火箭飞行控制领域涵盖了十几个细分专业，其后调任的总体设计领域更是包含了将近40个专业领域的知识。为了满足工作需求，廉洁潜心苦学，他始终相信在专业领域只有读书学习这一种"笨"办法，没有任何捷径。

火箭科学家是如何工作的

2022 年 7 月 27 日中午 12 点，廉洁在酒泉卫星发射中心的安控间，守护一颗红色按钮，在这个重要的位置上，看着力箭一号运载火箭飞上九天。

安控间是指控大厅旁边的一个单独房间。房间不大，只有简单的办公桌椅。桌上配备的几台电脑里，实时传来测控中心的信号和数据。房间里气氛凝重，廉洁手边那个红色按钮，就是用来决定火箭"生死"的：一旦发现火箭在飞行过程中出现异常情况，作为力箭一号运载火箭飞行控制系统设计师的他就会按下这颗按钮，启动火箭的自毁程序，将其炸毁，避免危险事故的发生。

力箭一号小课堂

火箭飞行控制系统是做什么的？

通俗地说，火箭的飞行控制系统是指控制火箭怎么飞、飞到哪儿的系统。火箭飞行控制系统是火箭的"驾驶员"和"领航员"，将物体准确地送到目的地。飞行控制系统是火箭中非常重要的组成部分，它对于火箭的意义，就相当于大脑、手、脚、眼、耳对人体的意义，我们也可以把它理解为火箭的"神经中枢"。

飞行控制系统是由制导系统、姿态控制系统、时序控制系统及电源配电系统等组成，其功能是控制火箭可靠而稳定地飞行、准确地发出时序控制指令和准确制导火箭将飞船送入预定的轨道。

这是廉洁第六次在发射场执行首飞任务。

在火箭升空前夜，廉洁在心中默默复盘研制流程，告诉自己："该做的试验我们都做了，出现的问题也一一归零过。成功不是一朝一夕，而是付出努力过后的水到渠成。"

成功控制入轨精度

2022年7月27日，西安卫星测控中心把卫星精确入轨的消息传到了安控间。

廉洁说："西安卫星测控中心报轨545米，之前我们按标冲弹道仿真下来的入轨精度是398米。能够做到跟实际预报差100多米的水平，说明我们对于这枚火箭的控制系统的设计非常成功，我们的

◀◀ 廉洁和力箭一号运载火箭的首飞卫星及卫星支架合影

火箭终于闯进了世界前列。"

入轨精度是衡量运载火箭控制系统的重要指标，是指有效载荷实际运行轨道与预定轨道的偏差。卫星入轨的实际轨道与预定轨道相距不过 545 米，这是一次相当精准的入轨。

随着航天发射服务市场的发展，反映有效载荷轨道参数偏差的类型越来越丰富，入轨精度的要求越来越高，例如轨道高度、轨道周期要求等。可以说，力箭一号运载火箭的入轨精度完全经得起市场的考验，其飞行控制系统非常成熟可靠。

完美主义者的创新

廉洁是一个完美主义者，他对待每一项工作都会认真细致地准备。要将卫星送上轨道，误差不超过千分之一，相当于在百米之外将一个球扔进直径 10 厘米的筐里。

传统固体运载火箭的测发控系统设计非常成熟，但并不能完全

力箭一号小课堂

运载火箭地面测发控系统主要做些什么?

运载火箭地面测发控系统主要负责实现火箭地面测试发射过程中的供配电、系统测试、参数测量、发射前控制以及故障诊断等功能，是运载火箭的重要组成部分。

应用在力箭一号这枚个头巨大的固体运载火箭上。随着体积和载荷的增大，对火箭的飞行控制也越发困难。

地面测发控系统是对运载火箭箭上系统进行地面检查测试并实施火箭发射控制的系统总称，是运载火箭的重要组成部分。地面测发控系统一般由供配电设备、测控设备、发控设备、信号采集传输设备、网络设备、计算机、应用软件等组成，对于完成火箭的测试和点火发射任务至关重要。地面测发控设备在使用中不可避免地会受到温度、电磁、机械的应力和振动、灰尘等各种因素的影响，发生老化与失效问题。

力箭一号运载火箭搭载的地面测发控软件系统是由廉洁和研发团队一起打造的国内首个以数据为驱动的地面测发控软件。在构思之初，廉洁和火箭控制团队的成员就从顶层出发，对这套软件系统进行分层设计。研制完成的系统不仅能帮助火箭完成自动化控制，还能用在很多相关领域。最终这套测发控软件系统采用了一套全新

◀◀ 廉洁（左一）在参与火箭地面测发控软件调试

的构架和思路，将大数据和互联网的技术思维引入研制过程中。

力箭一号运载火箭采用"大数据＋互联网"的数据驱动软件构架，通过硬件设备的选择和调试，最终形成了"软件定义硬件"的开发模式。这一开发模式在航天行业上的应用尚属首次。

力箭一号运载火箭的研发，在硬件上选择了诸多成熟的工业级产品，再根据火箭飞行的特性，通过软件来调整硬件的功能，使其适应航天的需求。

力箭一号运载火箭将以往在工业上使用的较低成本的普通硬件带到了航天行业中，在保证可靠性的前提下，大大降低了火箭的生产成本和周期。廉洁对此称，"我相信在不远的未来，我们能够实现只用两台计算机就完成火箭的发射任务，形成批量、快速的发射响应"。

控制精确的冗余

在火箭的设计思路中，最重要也最独特的一种方法便是冗余。这是一种为了提高系统的容错率、保证系统工作的可靠性而采取的设计手段。为满足载人航天高可靠性和高安全性的要求，飞行控制系统采用了全冗余化设计技术，冗余设计部分具有承受单重故障的能力。

固体火箭的发动机在燃烧过程中，变化非常剧烈，所以固体火箭的控制算法，需要精确到 5 毫秒的控制周期，才能保证火箭稳定飞行。正是因为固体火箭的控制周期很短，处理的数据量非常密

科学家思维

1. 在火箭的设计思路中，最重要也最独特的一种方法便是冗余，这是一种为了提高系统的容错率、保证系统工作的可靠性而采取的设计手段。

2. 在专业领域，只有读书学习这一种"笨"办法，没有任何捷径。

集，在进行 3 种冗余的软件构架设计时，廉洁承担了前所未有的压力：火箭上的计算能力有限，然而在 5 毫秒周期内，需要做到三路数据的表决，冗余切换控制，再输出控制指令——其中的机制非常复杂。

不畏挑战是航天人的精神。面对困难，他们一项项梳理，果敢地采取各种措施，采用科学的流程，把时间花在了一点一滴的数据收集上。

在箭地通信的试验过程中，廉洁和研制团队对每一条通信的数据量、信号的码率，以及整个通信过程的时间，都进行了采集和分析，编制成一个拓扑矩阵。这项繁重的工作他们做了将近半年，终于系统优化了通信指令，将流通的数据量限制在火箭的运算能力涵盖范围内。这些关键技术的解决，为力箭一号运载火箭的成功研制奠定了基础。

力箭一号运载火箭采用了 3 种冗余的构架方式，在火箭上搭载了 3 套独立工作的中央处理器。如果其中一个处理器出现问题，就可以马上切换成下一个处理器，直接承担相应的飞行任务。这也意味着在飞行过程中如果遇到单点故障，火箭可以稳稳当当地继续执行任务，不受任何限制，从而大大提高了火箭在飞行过程中的可靠性。

3 年的 27 万行代码

飞行控制系统软件是廉洁和控制团队投入心血最多的软件。力箭一号运载火箭的飞行控制软件遵循了分层式、模块化的设计理念，廉洁从设计之初就考虑如何能使软件适用于不同型号的火箭。

▲ 廉洁在力箭一号运载火箭整流罩前的留影

廉洁创新性地将软件拆分成不同的部分，在总体的构架上分为驱动层、链路层和应用层三部分。驱动层是整个软件的骨架，链路层负责底层的通信需求，应用层拆分出来为不同型号的火箭提供相应的控制功能，大大减少了后续调试的时间。

在分层开发的过程中，最大的挑战便是数据接口的分类。这种分层式、模块化的软件代码，为火箭软件系统的开发和迭代提供了更多便利。

仅仅是力箭一号运载火箭的应用层软件，廉洁和开发团队用不到 3 年的时间，就编写了 27 万多行代码（其中 24 万行是关键模块的代码）。加上驱动层和链路层，整个飞行控制软件生成的代码量以数十万计。浩如烟海的庞大数据，最终支撑起了火箭发射的圆满成功。

导航制导系统

口述科学家：张智境

出生年月：1994 年 8 月
出生地：山西大同
毕业学校：北京信息科技大学
喜欢的颜色：蓝、绿、白
喜欢的书：《红楼梦》《霍乱时期的爱情》
业余爱好：游山玩水

科学家小传

2013 年，张智境走进了梦寐以求的大学校园，学习自动化控制工程专业。

毕业后，张智境选择在她研究生阶段所学的导航制导专业上深耕，于是加入了中科宇航，参与到和专业对口的科研工作中。很快，她就凭着扎实的学术功底参与到力箭一号运载火箭的研制中。

作为一位"90 后"的火箭设计师，进入这样一个优秀团队，说从来没感觉到紧张是假的。张智境还在上学时就已经从老师同学口中得知，如果有机会全流程地参与一次火箭的研制发射，那真是能给人带来脱胎换骨般的成长。

她的内心深处对探索太空有着一团似火的热情，这团火也赋予了她想要在运载火箭的制导领域不断做出成绩的志向。梦想之火熊熊燃烧，让张智境这位年仅 27 岁的年轻设计师，点燃了自己职业生涯的高光时刻，点亮了自己人生梦想的灯塔。

火箭科学家是如何工作的

为火箭装上"大脑"

张智境是力箭一号运载火箭导航制导系统的负责人之一，她的主要工作是负责导航制导在发射前的仿真与设计工作。

一次次的仿真和统计，张智境已经将火箭飞行的每一个关键时刻点及偏差包络情况都深深刻在脑海中：一、二级分离，二级点火，

力箭一号小课堂

火箭制导系统的作用是什么？

我们要用石块打击一个目标，就须先瞄准目标，预设石块的发射路线，最后发力投掷，才能投准。火箭制导的性质与此类似，它包括的各个环节是获得数据、计算、指令等。

制导系统起着火箭领路人的作用，主要实现火箭"引导＋控制"的功能，通过获取运载火箭实时的速度、位置、姿态参数，实时计算控制指令，实现对火箭运动的实时规划，输出相应的控制指令，使得运载火箭按照一定的引导进入预定轨道，实现商业用途。没有制导系统的运载火箭，就像司机开着没有方向盘的汽车，是非常可怕的。

二、三级分离，整流罩分离，三级点火，四级点火，末修开始，卫星入轨。

发射当日，火箭飞行过程的关键时序标称预示值在控制中心的大屏上显示。火箭起飞后，大厅里每一双眼睛都注视着这个时刻表，只要火箭在飞行过程中每一个节点和既定的时间表基本吻合，那火箭首飞就能成功。从点火的倒计时开始，每到一个关键的时间节点，飞控中心大厅里的气氛就格外凝重。

四级火箭点火是关键时刻，一旦四级火箭成功点火，就意味着火箭已经成功上天，接下来的星箭分离、卫星入轨将会水到渠成。那天四级火箭点火的时间虽比之前模拟的时间超前了几秒，但仍在误差范围之内。这意味着这次火箭发射风险最高的时刻已经安全度过，张智境抑制着内心的激动，屏息凝神等待星箭分离入轨时刻。

卫星发射任务圆满成功的判据之一为轨道半长轴偏差小于 5 公里，力箭一号遥一运载火箭首星分离的半长轴偏差为 545 米，可以说是一次相当精准的卫星入轨。确定精确入轨的这一刻，未来的道路也变得更加坚定和清晰。

总指挥宣布了火箭发射圆满成功，这是张智境职业生涯的第一个"圆满成功"，也是她第一次完成了从理论到工程实践的升级。

作为最早参与力箭一号运载火箭研制的团队成员之一，张智境深知每位科研人员为这枚火箭付出了多少心血。从立项开始直到现在首飞成功，所有人全身心地投入，就像陪伴自己的孩子一样陪它成长，直到它完美地完成了使命。

像张智境一样年轻有为的科学家还有很多，能有机会在二三十岁的黄金时间全程参与国家大型工程，这份经历既和国家重视科技发展、重视航天事业有关，也与科研院所重视人才培养有关。

这份幸运的背后，既可见张智境在求学之初就想投身航天事业的初心，也可见她所在的组织培养人才的决心。当然，抵达成功的路上有无数的关卡与磨炼，张智境也曾迷茫过，但她从来没有想过放弃。她相信在这样的研制团队中，只要紧跟脚步、目标明确地成长，就一定会开花结果。

"你的时间只有那么多，放在哪个地方它就会在哪个地方盛开。有人在坐快车，有人在坐慢车，只要坚定地向着目的地出发，最终都会抵达。"张智境说自己不是天才型选手，只是始终保持着初心，专注投入，坚持心中所向。

首飞之后，回到家的张智境面对亲人和朋友会情不自禁地讲起自己的航天故事，之前吃过的苦都酿成了现在的甜。回想起大家每天满腔热忱、早出晚归的经历，她感到自豪而欣慰。

▲ 张智境（左四）在山东海阳参与载人旅游舱返回试验

在家休息了不到一周，张智境就迫不及待地回到工作岗位上。她申请了中级工程师资格证，这是她长久以来的一个计划。从进入航天事业开始，她便立志要在导航制导领域不断挑战自己，突破极限，而中级工程师资格证考试便是她前进之路的敲门砖。要获得考试的资格，需要两年的实际工作经验，这两年的火箭研制经历为她打开了制导的大门，她感觉现在终于站在这座大山脚下，抬头仰望山顶，还有很长的崎岖山路要走。

张智境入行时间虽短，但骨子里已经是百炼成钢的航天人。她以亲身经历告诉年轻人：不要顾虑太多，做自己想做的，选择了这条路就一直走下去，最后都能成为让你满意的自己。

庞大数据和复杂试验

火箭的制导设计需要做大量的仿真试验验证和数据分析，需要不断通过试验得到的数据来修正之前的设计，这项工作非常考验一个人的细心和恒心。

张智境参与了火箭导航制导系统的早期设计工作。导航制导系统的组成十分复杂，首先需要通过箭上的激光惯组来捕获火箭实时的运动参数，然后传回基地端用飞行控制软件进行计算，得到火箭的速度和位置；接着通过监测发动机的能量参数，对燃料耗尽时间点的飞行参数与轨道参数进行精确预估，判断在何时关闭发动机，完成上下级火箭分离；然后根据每一时刻的火箭速度和位置，按照需要控制的参数，比如火箭的飞行高度和角度，在火箭的不同飞行阶段进行制导控制，最终让火箭接近预定轨道，把有效载荷送到预定的空间位置并使之准确进入轨道。

张智境的主要工作既包括仿真动力学模型的搭建、火箭仿真平台等理论研究、数字运算，也包括设计导航制导闭路仿真试验等验证工作。经历过数据处理和验证的工作之后，她和制导团队需要在火箭的飞行试验阶段，通过模拟飞行的数据来调校导航制导系统。首先是完成导航制导闭路仿真试验，接着是对整个火箭的模拟飞行数据进行判读和分析，最后是根据火箭的模拟飞行轨迹推测出可能的残骸掉落区域。

这些工作涉及庞大的数据处理量，张智境参与的和制导相关的试验单项有 200 多个，其中复杂的大型试验 60 多个，每一个试验都有上万条的数据核查工作。在领导和同事的帮助下，她攻坚克难，勤于研究，最终出色地完成了各项任务。

专注，才能成功

航天人的每一步成功都有章可循。参与力箭一号研制工作以来，张智境不断往返于北京、河北固安和甘肃酒泉之间，为确保力箭一号运载火箭的成功发射而不断进行试验工作。

在酒泉工作的日子里，张智境终于亲身体会到在发射场的航天人的生活状态，她每天都是听着号角声起床，晚上伴着熄灯号入睡，街上到处是穿着笔挺军装的军人，连路灯都是火箭、空间站和国旗的形状。几十年前的酒泉还是一片荒凉的戈壁，全靠着第一代航天

◀◀ 张智境在测控间对火箭传回的导航数据进行快速判读

人把戈壁开发成现在的样子。眼前的这一切让张智境设身处地地感受到第一代航天人的不易，激起了她内心强烈的爱国情怀和奉献精神，让她下定决心要追随前辈的步伐，为祖国的航天事业添砖加瓦。

试验过程中，火箭制导团队发现箭体在四级火箭的闭路制导环节存在一些不确定的因素。四级火箭的发动机从点火到耗尽燃料之后，还会留有一些余热，存有一定的余力。这个余力可能会对后续星箭分离和卫星入轨带来一定影响，被称为发动机的后效问题。在研发初期，制导团队已经预估过发动机产生的余热，然而试验的实际情况跟预估的数值有一定偏差。

解决后效问题的关键环节在于确定后效可能导致的偏差范围，这必须经过大量的演算和试验。然而当时已经进入最后冲刺阶段，时间非常紧张。张智境和她的同事们把一套等效器设备搬到了住宿区，把床拆掉来放试验器材，将房间布置成试验室。小小的房间有时候硬是塞进去七八个人，办公的位置都是靠自己"钻空子"。他们在桌子上、椅子上、窗台上办公，甚至直接站着办公，就这样度过了近100天。虽然条件艰苦，但因为在这个团队之中，因为从事着航天事业，张智境觉得既充实又快乐。

团队有一个口号——"无畏向上，无限可能"，在酒泉的近100天里，这8个字体现在每一位队员身上，他们全身心地沉浸于对某个参数或者某个问题的钻研之中。

张智境说，在力箭一号运载火箭的研制团队中，有很多和她一样的年轻人在拼命地追逐自己的梦想，在国家大型任务中、在前辈的带领下努力向上。人生因为梦想而精彩，当青春同国家的发展、科技的进步步调一致时，青春的光谱才会更加宽广，青春的力量才能充分激发。在逐梦航天的路上，他们用火热的青春和坚定的决心表达了新时代航天人的追求，那就是为中国科技贡献向上的新力量。

科学家思维

航天人的每一步成功都有章可循。

发射支持

口述科学家：胡小伟

出生年月：1975 年 9 月
出生地：山东淄博
毕业学校：华中科技大学
喜欢的颜色：蓝色
喜欢的书：《中国通史》
业余爱好：爬山、郊游

科学家小传

2019年6月5日，山东烟台，长征十一号运载火箭首次海上发射，以"一箭7星"的方式，将卫星送入预定轨道。这是中国航天首次成功实现海上发射。作为中国首枚海上发射火箭发射支持系统的负责人，胡小伟比任何人都要激动，这次成功令他感慨万千。

2022年7月27日，时隔3年，他参与的力箭一号运载火箭顺利地冲上云霄。

2023年6月7日，力箭一号遥二运载火箭将搭载的26颗卫星送入太空，刷新了我国一箭多星的最高纪录。胡小伟那天仍然是在最前线，当26颗卫星全部精确入轨的消息传来时，胡小伟和团队成员激情相拥，击掌欢庆。

从力箭一号运载火箭首飞到遥二运载火箭圆满成功将近一年时间里，他们没有闲着，而是设计出了新的防护方案。这不仅保障了发射任务，也充分保护了发射支持系统裸露在外的各项设备，新的方案经受住了考验。

每个人对成功的感受和理解各不相同，但是对胡小伟来说，成功意味着他设计的方案是正确的，他做的事情都是经得起考验的。

火箭科学家是如何工作的

为了三个"关键词"

海上发射火箭是国际航天界酝酿多年的一种新的火箭、卫星发射方式，通过在海上兴建固定或移动火箭发射平台，为运载火箭提供可以随时在海上进行发射的条件。

海上发射的优势是十分明显的，更安全、更高效、更经济，这是胡小伟总结出来的三个"关键词"。

更安全：海上发射可以降低陆地发射时火箭残骸对地面人员和设施的影响，具有更高的安全性。更高效：为卫星快速进入空间提供了安全、灵活、经济、高效的新型发射方式。更经济：海上发射服务，不仅价格更具有优势，而且也具备军事价值。

力箭一号小课堂

海上发射的优势是什么？

传统的陆地发射场需要占用大量的土地，且火箭残骸落区也受到限制。因此，远离陆地的海上发射方式具备较高的安全性，并且对周边地区工农业生产和居民生活等基本上不会产生干扰。

海上发射的难点是什么？

对于海上发射来说，发射平台很关键。在陆地发射的时候，火箭有稳固的基座，但是当火箭转移到海上发射时，失去了陆地上的平稳地面，因为发射平台在海上会产生晃动，晃动的幅度和频率直接影响了发射的成功率和安全性。

海上发射具有多重意义，因此成为中国航天发展研究的重点之一。但海上发射同样存在很多技术难点，对中国航天的研制能力也是巨大的考验。

为了攻克海上发射的技术难题，胡小伟立下了"军令状"，要把海上发射支持系统研制成功。在那几年时间里，从平台产品的设计到生产、试验，每一个阶段，每一个步骤，胡小伟都会盯在一线，抓好系统的各种协调和问题落实，确保研制的进度、技术指标、协调配套等多方面的有机衔接。

在研制过程中，湿度问题、晃动问题、接口问题、通信问题、安全保障问题等都得到一一化解。在他的带领下，属于中国海上发射支持系统的研制工作快速和扎实地展开。

力箭一号运载火箭的发射支持系统

2019 年年底，胡小伟接到组织上交给他的新任务。这次他将参加力箭一号运载火箭发射支持系统的研制工作。和承担海上发射支持系统研制工作的任务一样，在欣喜之余，胡小伟感受到肩上的担子神圣而沉重。

力箭一号作为国内运载能力领先的固体运载火箭，它的成功发射在中国航天事业的发展史上极具历史意义，填补了中国商业航天领域的空白，用更低的成本创造了更高的效益。当人们关注火箭直上云霄之际，很少有人会将目光停留在发射支持系统上。

作为力箭一号运载火箭发射支持系统的总工程师，胡小伟带领团队负责火箭的发射支持设备的研制工作。

发射支持设备的研制是有一定难度的，因为它的产品比较多，而且对可靠性的要求比普通工业产品高得多。火箭发射前的准备工作很多都是由发射支持系统来做的，任何一个环节出了问题，都会影响到火箭发射。

力箭一号运载火箭的发射场设计具备发射区全箭环境保障及发射设备长期存放的环境保障功能，能够大幅节约地面保障设备经费。

力箭一号运载火箭采用的发射方式及发射流程，目前在国际上还没有统一模式，胡小伟团队在最初论证方案的时候，参考了国内外固体火箭发射方式。对比欧美国家的情况，他们发现国外的发射流程都不适合力箭一号。比如，美国采用的是火箭在发射工位现场组装，对现场条件要求极其严格，而国内场地条件比较恶劣；欧洲比较典型的织女星火箭有一套比较复杂的地面发射支持系统，火箭需要现场组装和测试，会长时间占用发射工位，这样不仅成本太高，而且影响其他环节的推进。

设计最优化的产品

问题并没有打败胡小伟，他通过反复对比研究，决定采用现在国际主流的比较简化的模式——"三平模式"，火箭在技术厂房进行组装测试后水平转运至发射工位。但由于力箭一号运载火箭质量大、转运路程长、转运过程和发射工位环境保障要求高等特点，技术难度也随之增加。

力箭一号运载火箭的转场条件比较复杂，技术厂房距离发射工位近40公里，而且道路条件也比较差，基本上是有什么路走什么路。在解决上述技术难题的同时，还要控制研制和后期使用维护成本。胡小伟下定决心，要在保障成功的前提下，把成本降下来。

如何设计最优化的产品，在确保满足技术要求的同时缩减资金投入，以最小的投入获得最大的效益，这个问题困扰了胡小伟很长时间。

胡小伟说："一次成功是航天人的追求，降低成本是商业航天的要求。只要把基础工作做好，把技术吃透，关注每一个细节，一次成功和低成本是可以兼顾的，也是完全有可能的。"

在不到两年的时间里，胡小伟带领团队攻克了多油缸起竖载荷同步的技术难题，并将该工艺通过反复迭代形成了整套成熟可复现的发射支持解决方案，完成了135吨火箭起竖技术的试验验证工作。

针对力箭一号运载火箭质量大、运输车长度长、运输距离远、路况环境差的情况，胡小伟带领团队研制出了具有与火箭自动对接、悬挂独立减震等功能的火箭运输车。针对发射工位恶劣的环境条件，他们又研制出了轮胎式移动环境保障厂房，简化了发射工位基础设施，节省了研制经费，简化了日常使用和维护条件。

航天是一个系统工程，从火箭出厂到发射成功，全过程的流畅度、高效与否都和发射支持系统的方案密不可分。设计环节中，每个环节的技术方案都要反复论证。在这个过程中，科学家需要不断挑战方案设计的创新性，使之既方便操作，又能圆满完成任务。

倾注心血培养年轻人

胡小伟从事航天科研工作20多年，始终牢记周恩来总理提出的"严肃认真、周到细致、稳妥可靠、万无一失"的十六字方针。在发射场工作期间，在发射支持系统还未进场时，他就将这16个大字做成2米高的金属字立在场区，就是要团队牢记这十六字方针。

胡小伟要求火箭进入发射工位时，移动厂房内及发射装置必须干干净净，没有任何多余物，所有的工具都必须严格摆放在指定位置。从系统的角度来说，他要求团队无论是设计、工艺还是操作和试验都必须环环相扣，无论何时何地都必须把"严"字牢记在心中。

科学家思维

1. 把基础工作做好，把技术吃透，关注每一个细节。
2. 无论何时何地都必须把"严"字牢记在心中。

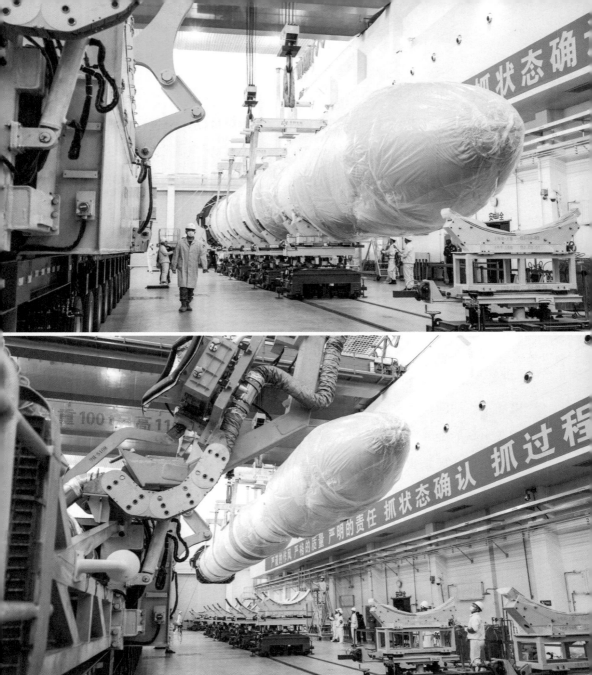

▲ 力箭一号运载火箭的吊装过程。吊装过程由操作手通过连接吊具、操控吊车，将箭体起吊，水平移动至支架车上，移动过程中操作手会在各自点位上控制绳索，防止箭体大幅晃动，避免磕碰。

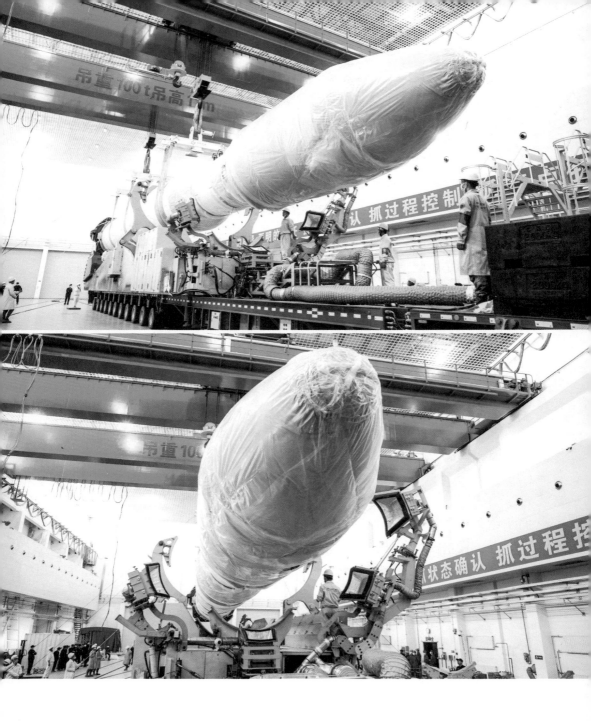

事物都是在不断运动发展的，中国航天事业依靠一代代航天人共同努力才取得如今的成就。一个大型的航天工程正处于多重发展机遇的新阶段，需要大量朝气蓬勃的年轻人。因此，如何培养出可以独当一面的年轻人也是胡小伟的重要工作之一。

他培养年轻人，一般会有三个阶段。

第一个阶段代表着初入行业，这时尚未形成自己的独立意识，通常都是由师傅引导该做什么就做什么，跟随力箭一号运载火箭成长的很多年轻人大多处于这个阶段。

第二个阶段代表着开始摸索行业规律，这时会有一些不太成熟的想法，但大多仅限于想法，还不能完全独立决定。到力箭一号遥二运载火箭发射任务的时候，很多年轻人已经从初入行业的阶段进阶到此。

第三个阶段代表着阶段性成熟，在参与中决策，把专业知识和实际情况结合起来，这才是真正的成长。

团队中很多年轻人提及胡小伟这位严格的领导时，都会说在他的带领下，学习能力、科研能力、自我管理能力都得到了极大的提升，真正跨入科学研究和工程应用的门槛。

总装火箭

口述科学家：李秦峰

出生年月：1987 年 9 月

出生地：陕西咸阳

毕业学校：天津大学

喜欢的颜色：黑色

喜欢的书：《笑傲江湖》

业余爱好：旅游、美食

科学家小传

　　李秦峰是长期坚守在火箭总装一线的守门人。打造一枚火箭，需要上万个零部件，仅各种线缆累积起来就有上千米的长度。要将箭上每一个细节打磨完整，实现火箭装配的安全可靠，需要一支经验丰富、能打胜仗的总装团队，出现任何一点纰漏，都可能造成整个火箭发射的失败。

　　为了使得力箭一号运载火箭首飞成功，扎根在广东南沙的中科宇航产业化基地"厂长"李秦峰经常提醒每一位技术工程师，一定要做到"五到位"：验收到位，检验到位，工艺保障到位，人员保证到位，态度端正到位。

　　李秦峰入行 12 年，虽然从事航天事业的时间和别人比起不算长，但他具有丰富的实践工作经验。2013 年，李秦峰就曾从事长征十一号运载火箭的总装测试工作，他深知火箭总装质量与型号成功息息相关。因此，在打造力箭一号运载火箭时，他不放过每一个元器件、每一段线缆和每一颗螺栓，坚决不允许任何"小错误"发生在自己团队的工作中。

火箭科学家是如何工作的

　　作为力箭一号运载火箭总装负责人，李秦峰在工作中严格按照工艺文件操作，每个环节的操作都确保万无一失。如果发现团队中有人没有按照标准执行工作，他就会毫不犹豫地指出对方存在的问题，并且亲自带着改正。这种严谨认真的态度传承自他此前参与国家型号火箭的总装经历。他也常常向年轻的同事们强调："中国航天取得现在的成绩不容易，航天工作特别是总装工作就是要严上再严、细上再细、慎之又慎。"

火箭总装不是拼积木

　　在常人的想象中，火箭总装就像拼积木一样简单地把所有零部件拼起来。但真实的火箭总装是有相当大难度的，它需要将整个火箭系统中如结构、航电、动力等所有系统对应的各项产品，按照上百套完全不同的技术手册、图纸梳理成一套简单易懂、流程清晰、标准规范的操作手册，由总装操作工按照手册完整、准确、精密、可靠地将上万个零部件有机地组合成一枚合格的火箭，并且将产品质量检验与过程控制全面贯穿在接受检查、入库、存储、出库、转运、防护、安装、敷设、插接、固定、对接等整个过程中。

力箭一号小课堂

火箭的总装测试需要做些什么？

火箭的总装测试是运载火箭制造的最后阶段，是运载火箭的总协调、检查和验收的过程。

总装测试过程就是将不同的火箭部件，依据这些部件的技术条件，按照装配图纸、工艺、文件等规定和要求，进行装配、对接、调整、检测、试验，最终保障将火箭的各部段组成一个完整的、性能可靠的产品的全过程。

总装测试工作的一个主要作用就是对火箭进行测试，既要对箭体各个分系统完成集合总成，也要对各个部件的质量、箭上各分系统的性能进行一次总检查，对各连接部位之间的协调性、可靠性进行综合试验，使系统性能处于最佳状态。

该工作一般可归纳为 7 个阶段：接收检查、部段装配、总装对接、性能检测、系统测试、包装运输和火箭交付。

不同系统的产品在设计、出图、制作等环节都可能出现小的彼此不兼容的情况，所有产品交付总装的时候，需要总装部门在最后工序发现潜藏的问题并解决问题。

李秦峰和团队成员从力箭一号运载火箭立项之初就打起十二分的精神，随时准备应对总装过程中会遇到的任何问题。为了按时完成首飞任务，他们把全部精力都投入工作中。按李秦峰的话来说就是"不讲条件，不计报酬，在总装过程中，谁都不能掉链子"。

确保没有任何质量隐患

好事多磨，力箭一号运载火箭的总装工作也不例外。力箭一号运载火箭的总装不同于传统的固体火箭，它的尺寸、重量更大，内部结构更复杂，创新设计、新型材料的应用更多，因而在总装时，李秦峰需要操心的事情也更多。他需要搞清楚工作中每个环节与问题，参与各种工作环节之间的沟通协调，妥善完成各系统需要执行的标准工作等。

火箭总装的过程看起来并不复杂，首先需要将箭上所有系统的产品运送至总装基地，然后由总装团队将各个系统的单机产品进行收集整理，之后对其进行全面检测，对于合格的产品进行验收和入

▲ 李秦峰正在转移并安装模样件卫星

105

库，而对于不合格的产品需要及时反馈，由上下游配套单位进行协作，完善产品的质量。

在力箭一号遥二运载火箭的星箭分离试验总装工作中，总装团队便发现了供应商交付的星箭分离模拟支座存在与爆炸螺栓装配不匹配的问题。他们中午发现问题，下午便找到加工厂家，不到 4 小时就解决问题，保证了试验按时间节点准时完成。这种快速响应的能力，得益于总装团队丰富的工作经验，快速对问题进行定位，通过和配套单位的有效沟通，将以往需要 4 天的返修流程缩短至 4 小时。

"我们这个团队就像个不知疲倦的质检员，虽然总装不能解决所有问题，但是我们能够发现问题，发现产品上这些问题的蛛丝马迹，协同团队让其他专业的同志去解决，然后作为一个合格的产品再由我们装上去，确保上天产品没有任何质量隐患。"

工作的严格细致，保证了力箭一号运载火箭在发射场产品开箱合格率达 100%，测试合格率也达 100%，李秦峰也因此被大家评价为"硬汉厂长"。火箭的生产、总装、测试、运输，再到最后的发射，每一个步骤都有严格、明确的程序规章制度，任何一个步骤稍有差池都影响着火箭发射成功，他日常总说："没有 99 分，也没有99.9 分，只有 0 分和 100 分，要么成功，要么失败。"

坚守非同寻常的质量标准

2022 年 9 月 30 日，位于广州南沙的中科宇航产业化基地正式交付。李秦峰的注意力没有被气派的大楼、漂亮的绿植吸引，他第一时间就进行了严谨的验收，仔细研究这个新基地有没有不符合火箭总装要求的地方。最终，整个团队检查出了1000多个问题，写了厚厚的一本笔记。

负责园区建造的企业一开始并不理解整个团队的较真，他们的工程标准在任何一个行业都足以通过验收。然而，对于航天事业来说，标准是非同寻常的。

怎么解决这个问题呢？

李秦峰从火箭总装的实际需求出发，详细阐释了这些问题如果得不到解决会给火箭质量带来的隐患，最终协同施工单位进行全面的整改和优化，保证了万无一失。

"这些问题对于普通的工厂可能就不算问题，但是对火箭来说，不行就是不行，质量是政治、质量是生命、质量是效益，只有把质量放在第一位，才能永葆成功。"在李秦峰口中，"质量"永远是被提起最多的词。

他相信科学是最严密也是最客观的，火箭上数以万计的零件，任何一个细小的环节出现问题都会导致发射的失败。

用新的生产模式进行火箭总装测试

2022年11月，经过验收整改合格的中科宇航产业化基地在南沙落成投产，力箭一号遥二运载火箭便是在此完成总装测试。李秦峰不仅关注着国内航天事业的发展，而且也时时琢磨国际一流水平的航天企业是如何做到在生产上实现快速、高效且可靠的。

▲ 李秦峰正在进行火箭的总装总测工作

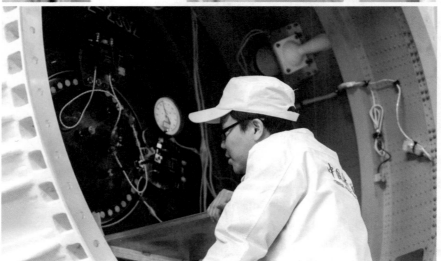

◄◄ 火箭总装工
作人员对箭体
的装配情况进
行核查、检修

他发现，在航空行业，大型客机、战斗机在生产时，常常会分为几条线，每条生产线进行同一组件的安装，完成之后再被运至下一条生产线，直至安装完成。位于美国西雅图的波音 737、757、767 生产线，加利福尼亚州的 SpaceX 公司的猎鹰 9 号火箭生产线均采用了类似的形式进行生产。

受此启发，他把这种介于固定站位装配与连续移动装配之间的装配生产形式实践在中科宇航产业化基地的生产环节中。

这个新落成的产业基地采用了脉动式生产模式进行火箭的总装测试工作。这种生产形式的典型特点就是按照人员分配、工序分工、产品分类，进行精细化的分析、归类，将整枚火箭的总装设置成若干个脉动生产站点。产品移动的时候不进行装配作业，装配作业时产品也不移动。在脉动生产线上可以设定缓冲时间，当某个生产环节出现问题时，可以留给下一个工位去解决。当火箭的装配工作全部完成时，生产线就脉动一次。这种创新、灵活的生产模式大大提高了火箭的生产效率，在实现量产的同时实现生产资源成本降低。

李秦峰说："在火箭总装总测的过程中，假设原来的生产流程应该是 A、B、C、D，如果变成 A、C，把一些关键的步骤放到前面干，就能发现某些原材料、工艺、参数不适合生产，一旦有不适合就可以立刻报废或者改进，不会等到最后才发现零件不合格或者产生隐患。"

在火箭完成总装后，由广州南沙运至酒泉卫星发射中心，整个路程长达 3200 公里，他们创造了国内火箭运输路程之最，整个过程持续了 6 天，途经广东、湖南、湖北、陕西、宁夏、甘肃、内蒙古。

这趟火箭"长征"锻造了这支团队的精神，也使李秦峰更加深刻地感受到力箭一号运载火箭对于自己的意义。

总装作业中的"错题本"，让流程更规范

事物的发展与进步需要创新，团队的发展和进步需要不断吸收新成员，使他们成长为航天事业的可靠人才，为航天发展提供生机和活力。

从 2020 年上半年开始，李秦峰就着手带领团队编写《总装作业指导书》，各类"作业指导书"写了将近 100 本，每本指导书都有五六十页内容。每本指导书中将航天通用的标准规范、技术要求都清楚地描述记录下来，同时把之前出现的问题也在指导书里进行总结。这一系列指导书是他给团队中的年轻人的"错题本"，目的是让此前从未接触过火箭总装的新人才可以通过学习得到快速成长。

这本"作业指导书"就像家具安装说明书一样，把问题细致地分解成多个步骤，比如：第一步，仪器需要安装在哪里？第二步，用什么工具去安装？安装工具在哪里存放？第三步，安装注意事项是什么？第四步，安装后的检查如何进行？甚至书中的规范还会细致到安装螺钉时需要施加多大的力矩，插头要怎么插接，之前某个产品相同型号电连接器插接错误案例与教训等。这些都归功于李秦峰长期浸泡在火箭总装一线得来的丰富经验。

细致的标准化作业流程，保障了力箭一号运载火箭的完美首秀，也正是这样的细致，为未来力箭系列型号的快速、批量生产奠定了

坚实的基础。

在工作执行上，李秦峰严格地要求大家，对自己也绝不手软，关键工序必须严格检查，多余物必须严格控制，多一根头发丝都不行，物料领用的原始记录必须清晰可控。

李秦峰说："松是害，严才是真爱！谁年轻的时候还没哭过几鼻子？哭过了才知道自己错了。质量不相信你的眼泪，如果把影响火箭安全可靠性的事视为小事，那就是对中国航天事业不负责任，这样的工作态度也不适合在这个行业继续工作下去。"

光学不练假把式，李秦峰深知经验是学习和实践双管齐下才能得到的结果。火箭总装是琐碎且细致的工作，从工人操作的角度来说，只是按照说明书操作，纸上谈兵是没法做好火箭总装的。而且，直接让没有操作经验的新手去操作"上天的产品"，更让人放心不下。对此，李秦峰有自己的高招。

在每个关键岗位上，他都会让总装队伍中的老师傅带上一名徒弟上岗操作，但在过程中，老师傅不能上手，只能在边上看着徒弟

李秦峰在检查火
箭发动机前封头
的电缆卡子 ▶▶

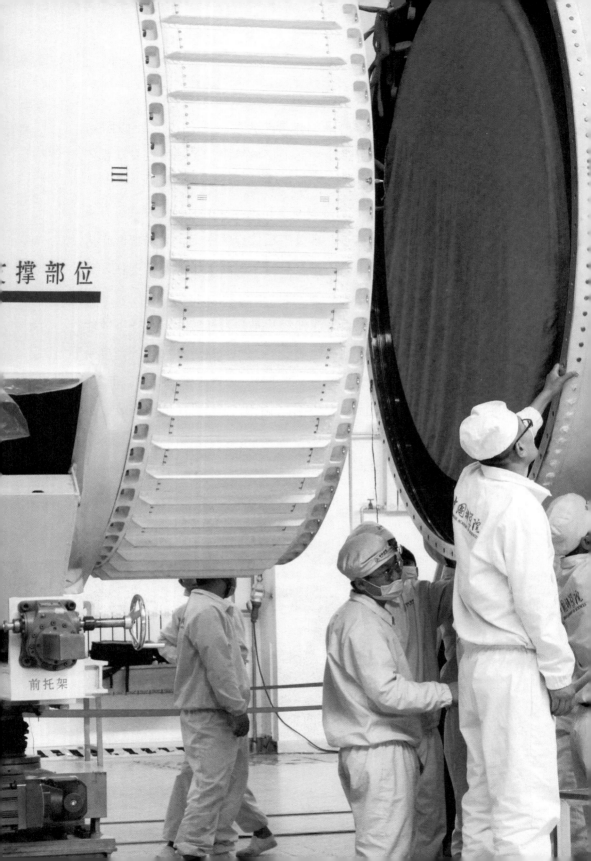

操作，只有在出现问题时才由老师傅上手示范。"这其实不是我独创的方法，在航天系统内，师徒制是一个传承多年的优良传统。"在这样的安排下，总装队伍的年轻人总能迅速成长为独当一面的技术骨干。

在问起力箭一号运载火箭首飞成功有什么感悟时，李秦峰使劲想了想，然后说："脑子里终于不用再去想分插、火工品、多余物、可靠性这些东西了，也不用再复查写报告了，先踏踏实实回家睡个安稳觉，我是真的太困了。"

想睡觉的李秦峰，回到北京的第一件事却不是休息，而是立刻组织团队完成力箭一号遥一运载火箭总装工作总结与复盘，把力箭一号运载火箭总装工作中的心得体会、工作标准、经验教训等编写完善成一本几万字的《力箭系列运载火箭总装操作手册》。这几万字的手册总结了火箭总装的详细过程，每个流程后面都列举了亲身经历的大量事例。他说自己在总装工作过程中犯过不少小错误，所以必须将正确的、规范的流程写出来，避免大家多走弯路，为力箭系列的下一步奠定基础。

中国航天的最快速度

李秦峰说火箭高密度发射会是未来的一种趋势。为满足高密度发射的需求，自己会全力以赴和团队一起打造属于"力箭"的"不败工程"，实现火箭的航班化发射。

中科宇航产业化基地是国内首个全产业链精益化、数字化、智

科学家思维

*1. 没有 99 分，也没有 99.9 分，只有 0 分和 100 分，要么
成功，要么失败。*
*2. 航天工作特别是总装工作就是要严上再严、细上再细、
慎之又慎。*

慧化的商业航天产业化基地。通过产业链的精益化、数字化、智慧化，李秦峰和总装团队得以了解到入厂的各个部件的数量、重量、尺寸、性能指标等一系列数据。同时，一旦入厂的单机件出现如尺寸或质量不合格等问题，也会由系统自动预警提示。相对于过去对质量问题进行手抄统计，这种方式大大提高了生产效率和安全系数，也帮助每一个生产环节上的工人能够在系统提示下避免错误的发生。

数据驱动的优势不仅体现在安装环节上，也体现在高科技制造型企业的采购过程中。第一枚火箭生产时库房采购了多少材料，第二枚生产时又采购了多少、剩下多少，李秦峰都可以得到实时的数据反馈。这样保证了在生产环节中对原料的充分利用，提高了制造企业的生产质量，降低了生产成本。

在这个产业化基地，年产量可达 30 枚运载火箭，这是属于中国商业航天的最快速度。李秦峰的目标不仅是完成火箭的总装测试，而且是未来将一系列火箭装配所需的核心产品的生产搬到基地内，让工厂成为真正打通产业链上下游的"超级工厂"。

◄◄ 李秦峰正在检查火箭转运时空调的工作情况，空调的运转保证了整流罩内卫星处在合适的温度、湿度中

　　从产业化基地设计之初，李秦峰就想着要把世界最先进的技术、最优的生产方式用到中国商业航天的产业链中。对他来说，如今前进的动力就是把力箭一号运载火箭的总装工作做到更好。他坚定地相信，未来，大家会看到火箭的发射就像动车或者飞机一样快速、便捷。从产业化基地生产出的火箭，能够按照运载能力和发射环境分类排序，制作出火箭发射的时刻表，卫星客户就能根据这些信息预约火箭发射班次。这是南沙速度，也是中国速度，中国商业航天事业的发展会再上一个新台阶。

发射场建设

口述科学家：郑明强

出生年月：1977 年 8 月
出生地：湖北当阳
毕业学校：北京航空航天大学
喜欢的颜色：蓝色
喜欢的书：《明朝那些事儿》
业余爱好：篮球、羽毛球和跑步

科学家小传

　　郑明强出生在湖北农村，那里远离城市的喧嚣，热闹的白天和宁静的夜晚形成不同的世界，昼夜如常地运转，孕育了淳朴的民风，也孕育了郑明强质朴的性格。

　　从事航天事业22年来，无论身处何地，无论在什么岗位，他都坚持脚踏实地、求真务实的工作作风。正是这样的质朴，使他在担任力箭一号运载火箭发射工位建设负责人的时候，也能以平和的心态面对一切困难和荣誉。

　　淡泊名利，不争不抢，但是从不服输。正是这种不服输、善于学习的劲头，让他和团队不断地勇攀高峰。

　　22年的时间里，他参与了国家多个航天重大项目的建设和发射任务的实施，这些项目都是对他的磨炼，将他打磨出自己的光彩，在航天领域绽放光芒。

　　在过去的2022年，他负责的力箭一号运载火箭发射工位的设计建设，保障了中国运载能力领先的固体运载火箭的发射。

火箭科学家是如何工作的

唯有放手一搏

2021 年，郑明强加入力箭一号运载火箭的研制队伍，成为发射工位设计建设的负责人。

发射场作为火箭测试发射的重要设施，发射工位的设计建设也秉承力箭一号运载火箭工程"创新、创新、再创新"的思路，以商业化的目标展开，打造中国商业航天的新天地。

力箭一号运载火箭专属发射工位在测试发射流程、设施设备、人员规模等方面与现有发射场有很大差别，其设施设备更简单，所

力箭一号小课堂

火箭发射工位的主要作用是什么？

火箭发射工位是指发射区内发射运载火箭和航天器的场所及与发射相关的所有设施、设备。发射工位一般建设在远离市区的空旷场所，为火箭提供转运、吊装、起竖对接、测试检查、模拟发射演练、推进剂的加注及泄出、供电供气、发射前检查、发射和故障的应急处置等基础设施保障和软硬件保障。总的来说，发射工位的主要作用是保障火箭的顺利发射。

需操作人员更少。

郑明强说："发射场不是说建得越复杂越好，在满足安全可靠的前提下，应该是越简单越好。越简单说明火箭对地面发射系统的依赖越小，对人力资源的占用也少，研制建设及日常运营的费用也低。保成功、低成本是商业航天发展最基本的要求。"

在论证发射地面系统的时候，问题就摆在郑明强和团队的面前：到底是沿用传统模式或参照国外同类模式，还是大胆创新做出一些改变？采用现有模式，技术成熟、有经验可借鉴、风险小，但是系统庞大、建设周期较长、成本高、代价大。

经过反复论证研究，团队最终决定通过创新简化系统、降低综合成本，但随之而来的就是技术风险、进度风险，需要在最短的时间内，确保发射工位高标准、高质量地建成。

如果按照传统的建设方案，或像欧洲织女星火箭那样的发射设施，需要2亿～3亿元人民币甚至更多，建设周期至少1.5年。这是团队根本无法接受的，当时包括所有的设施及设备在内的预算是7000万元人民币左右。既要满足使用要求，又要确保安全可靠，团队没有别的选择，唯有创新求突破，唯有放手一搏。

让一切皆有可能

决心难下，实现更难。接下来的日日夜夜，团队需要对每个方案、每个环节、每个过程都进行充分的论证研究，有时候面临非常大的分歧和挑战，还经常收到来自外界的质疑声，特别是团队提出

3 个月内完成整个发射工位的建设，大多数人都持保留态度。

郑明强和团队暗下决心，一定要凭借自己的力量，让这一切得以实现。被质疑很正常，没有成功的印证，说再多也是没有说服力的。团队对此目标一直深信不疑，这是最难能可贵的。当然，技术分歧甚至争论也是少不了的，但大家目标一致，越是经过激烈的技术交锋，最终定下的方案越是合理，考虑的方面更加周全。

航天工程的系统性很强，任何创新都要纳入整个系统去统筹考虑，需要进行充分的论证和综合的比选，要做到整个系统的技术最优化、效益最大化。

郑明强始终认为，责任心是对待工作与人生的最佳态度。为了最大限度地简化设施、节省成本、缩短建设周期，团队提出取消排导火箭发射火焰的地下导流槽，为此进行了充分的仿真试验，仿真结果表明基本可行，能够保证火箭安全起飞。

与此同时，团队研究全面取消导流槽对其他系统的影响，通过分析后发现，取消导流槽将对火箭运输车、起竖装置、发射台等带

郑明强参加力箭一号运载火箭首飞任务 ▶▶

来一系列影响，特别是大型火箭运输车将由市场化通用产品变为专门研制的非标准产品，研制费、维护费以及配套各种保障费用大幅增加，使用也不方便，最终经过统筹权衡，还是保留了导流槽，但优化减小了建设规模。

虽然最终方案没有取消导流槽，大家觉得有点遗憾，但是放在整个系统里去考虑，又是非常值得的。所做的大量基础研究工作也没有白费，对后续的工作迭代非常有利。

力箭一号运载火箭采用了"三平"测试发射模式、高度集成的一体化航电系统，简化优化了发射工位地面设施设备。同时，"4人4小时内完成发射"也是力箭一号运载火箭的研制目标之一。

因为是首飞，为了确保成功，大家在测试、操作、保障等方面都非常谨慎。为实现这个目标还有很多工作要做，但郑明强和团队一直在坚持："这个目标其实已经很接近了，测试都是自动化的，很多技术操作已做到了无人操作，但还是有人值守。随着火箭可靠性的提高，我们正在对火箭流程做进一步优化，后续将对部分技术做进一步升级，真正做到全流程自动化。"

力箭一号小课堂

液体火箭靠什么提供动力？

液体火箭的高速飞行需要大量的低温推进剂来提供动力，比如 $-252℃$ 左右的液氢推进剂，或是 $-183℃$ 左右的液氧推进剂，而如何安全地将这些低温推进剂加注到火箭中，故障情况下需将这些推进剂安全地泄出，是大型液体火箭研发的必经之路。

第一关的方案问题得到了解决，接下来郑明强需要带领团队将方案落实到实践中。在酒泉的戈壁如何完成发射工位的整体建设，成为他们面对的第二大关。

跑赢时间和寒潮

2021年6月24日，上级主管部门批准了发射工位建设的立项。彼时，火箭研制流程已经接近尾声，距离原定的首飞日期仅有半年的时间。

对郑明强和团队来说，将这块荒芜的砂石地快速建设成一座满足火箭发射需求的发射场，是眼下最为紧迫的工作。酒泉的冬天气候条件恶劣，无法施工，所以他们要赶在寒潮来临之前完成发射场的建设。

时间紧，任务重。发射场地处戈壁深处，周边数公里水、电、通信等基础设施建设几乎为零。郑明强形容自己的团队是这片戈壁的"拓荒者"，他们8月底开始建设，起初推进的速度非常快，进入10月下旬的时候，当地夜间的气温已经降至零下几摄氏度，给按时完工造成了极大的阻碍。

郑明强和团队凭借遇到困难一起上的团队精神，组织开启了"7×24小时"不停的工作模式，日夜奋战，最终在寒潮来临前完成了主体建设，为发射任务实施打下了坚实基础。对他们来说，在戈壁荒漠只能深夜看星星解闷，苦中作乐成了消解压力最好的途径。

力箭一号运载火箭的发射工位建设是一件非常艰辛的工作，郑明强经常在晚上两三点钟才睡觉。顶着巨大的压力和责任，郑明强交出了漂亮的成绩。他在多年的航天工作中从未经历过发射失败，这些成功的经验带给他最大的感受就是保持对技术的敬畏。凡事预则立，伴随着敬畏之心，他勤勤恳恳将多年的汗水都倾注在航天事业中。

意义不平凡的首飞日

2022 年 7 月 27 日，郑明强早早来到发射工位，和团队一起对设施设备技术状态和技术参数再次进行了详细的检查确认。进入发射程序后，他时刻紧盯着设备的运行状态。发射前 30 分钟，在确保设施设备运行正常之后，他从自己建设的力箭一号专属发射工位撤离到了 5 公里外的安全区，静静等待着力箭一号运载火箭点火、起飞。

科学家思维

1. 被质疑很正常，没有成功的印证，说再多也是没有说服力的。

2. 大家目标一致，越是经过激烈的技术交锋，最终定下的方案越是合理，考虑的方面更加周全。

3. 全力以赴地抓关键、抓重点、抓困难问题，这样才能高效率工作。

火箭开始点火倒计时，郑明强和发射支持系统的总负责人胡小伟一起站在安全区距离发射点最近的位置，视线紧紧锁定在竖立在茫茫戈壁滩上的"力箭"。点火、起飞，火箭很快消失在视野中，在空中划出一道优美的弧线。

郑明强后来回忆说，当时因为在现场，起飞以后很快就看不见火箭的图像，只能站在调度广播下面，数着秒，听着从广播中传出来的调度口令，随着一声声"飞行正常""跟踪正常"，才知道距离圆满成功更近了一步。

从点火开始，郑明强的心情就十分激动。他克制着自己的情绪，表现出冷静的样子，等待着火箭进行三四级分离。这是火箭飞行过程中最后的关键一步，顺利完成之后，下面的星箭分离与卫星入轨便水到渠成了。

直到听见三四级分离的口令，这几年积攒的压力才一下子释放出来。因为这枚火箭对他们来说太重要了，这是过去几年所有人为之付出的努力。郑明强更是把这一次首飞视作"生死存亡"的关键之战，不断自我施压。作为一个刚刚起步的团队，整个体系和运作模式都同过去有着巨大的区别，他们需要一次胜利来证明自己的选择和坚持是正确的。

使命和新挑战

2022 年 7 月 27 日，力箭一号遥一运载火箭首飞圆满成功。

2023 年 6 月 7 日，力箭一号遥二运载火箭刷新当时一箭多星的纪录。

力箭一号运载火箭在"阶段性考试"中交出了理想的答卷，但接下来还有更多的未知考验在等待着郑明强。回顾20多年的工作，他说很庆幸自己赶上了一个好时代。这不仅是国家的好时代，也是行业的好时代，国家的综合国力愈来愈强，给中国航天提供了一个快速发展的新时代。

国家政策的变化与发展是企业进步发展的风向标。从2015年开始，国家出台政策支持发展商业航天。力箭一号运载火箭发射工位的顺利建设正是得益于政策支持的大背景，得益于各级主管部门、总体单位和发射中心的大力支持与帮助。

谈及未来的打算时，郑明强说："我更关注工作的结果，研制火箭的目的是提供宇航发射服务，我们要确保每一次发射成功，更要为客户提供经济、高效、快捷、可靠的发射服务，这是我们的工作目标，也是我们接下来的工作重心。"

每一次发射，最先到达酒泉的是他，最后撤退离开的也是他。不管是发射工位建设，还是试验队在发射场现场的总体统筹，他总是能出主意、想办法。每次他都全力以赴地抓关键、抓短板、抓重点、抓困难问题，这种强调高效率的工作方法，是大家有目共睹的。

近年来，中国的商业航天产业快速发展，一批重大项目持续推进实施。作为中国现役运载能力领先的固体运载火箭，力箭一号运载火箭无疑是中国商业航天的"明星"火箭。郑明强说，力箭一号运载火箭发射工位将迎来常态化的发射，还有很多工作等着他和团队去完成。

针对高密度发射服务的挑战，郑明强和他的团队没有简单地通过扩大建设规模来实现，而是从机制、模式、管理等各个方面去创新和改变。目前，他们正在优化、简化火箭的测试流程，缩短测试时间，推行"厂一场"远程测试、远程监测和故障诊断，增强实时性，降低人力资源占用；进一步优化传统的工作模式，新增发射设施能力建设，推进火箭"厂一场"总装测试优化融合，实现出厂即发射；同时，实行智能化、标准化、通用化，减少定制产品及接口，实现通用化、市场化、货架化，发射服务和发射流程标准化、程序化、菜单式，产品测试、数据判读、设备维护等智能化、自动化，日常管理工作表格化、数字化，全面提升综合发射能力。

每一次都如履薄冰

从业 20 多年，郑明强说，自己参与过的项目从未失败过，但每次发射他都一样如履薄冰。

回忆当年某重大新型号在发射场的一次合练，面对的是全新的挑战：大规模的低温推进剂加注泄回。

郑明强说："我全程参与了那套系统的开发。从关键技术攻关、关键设备的国产化研制、系统设计与研制到调试运行等，我们先后解决的难题数以千计，可以说系统经过了充分的验证考核。但在大系统的合练中它仍然出现了一个未曾遇到的问题，当时也是花了一段时间才解决。事实上，任何一次成功的背后都是历尽艰辛。遇到问题和挫折是常事，但绝不能带问题去发射，不能影响成功。"

作为一个航天老兵，郑明强早将航天人的精神与自己融为一体，他说："有些工作看起来是简单的事情在重复，但其实每一次都是新的挑战。"

航天是一个高风险的职业，不是随便说说的，也不是随便就可以成功的。只有对这份工作有责任感，才能走得更加长久。

谈及未来，郑明强有着自己的逻辑。他说，我才 40 多岁，要不断努力创新。国家改革开放 40 余年，全社会形成的共识就是在竞争中自我革新，航天也一样。目前中国空间站已全面建成，转入常态化运行，中国载人登月初步方案公布，一批商业航天重大项目发布，这些都意味着我国航天事业在飞速发展，运载火箭仍将保持高密度发射。只有成本的降低才能促进航天事业健康有序发展，这是全球航天大国已经达成的共识。力箭一号运载火箭作为中国火箭面向商业市场的最佳代表，正站在浪潮之巅。

保障转运和起竖

口述科学家：周　龙

出生年月：1989 年 8 月

出生地：山东泰安

毕业学校：北京理工大学

喜欢的颜色：黑色

喜欢的书：《麦田里的守望者》

业余爱好：爬山

科学家小传

　　周龙是建设力箭一号运载火箭发射支持系统的领头人之一。

　　2013年，周龙从北京理工大学的兵器工程专业毕业时，就被我国蓬勃发展的航空航天事业所吸引，进入精密机械研究所成为一名技术工程师。在工作之余，他时刻关注中国航天的每一次大的动态。

　　2019年，一个偶然机会，周龙收到了加入力箭一号运载火箭研制团队的邀请。尽管那个时候他已经在自己熟悉的领域做出了很多成绩，但是周龙依然坚定地遵从自己的内心，转战力箭一号运载火箭，迎接挑战，做自己想做的事情。

　　2020年，周龙加入力箭一号运载火箭发射支持系统的关键技术攻关小组，参与力箭一号运载火箭发射支持系统总体方案的设计工作。

火箭科学家是如何工作的

　　力箭一号运载火箭的发射支持系统，从设计之初即考虑了面向未来，把更简洁、高效、低成本、安全作为设计的核心理念。

　　大众熟知的航天发射塔架往往高 100 米以上，重达千吨级。这类塔架能够适应重型液体火箭的发射需求，但对于固体火箭来说又过于庞大，并且在面对固体火箭高密度发射的要求时显得大材小用。

　　为了更加适应固体火箭的发射要求和标准，力箭一号运载火箭的地面发射支持系统采用全新的模块化设计，以更少的地面设备、更精简可靠的起竖手段，推出了国内大型热发射固体火箭的一整套技术方案。这一创举大幅降低了研制的成本，提高设备可靠性和自动化水平，减少设备对人员的依赖，支撑起面向未来的高密度发射。

力箭一号小课堂

火箭发射支持系统的作用是什么？

　　火箭的发射支持系统是常被大众所忽视的幕后"功臣"。在火箭发射过程中，通过镜头所看到的发射塔架、各类地面设备，甚至运送火箭车辆等都属于发射支持系统的一部分。发射支持系统是我国运载火箭创新发展的重要系统之一，负责的是在火箭发射之前转运、起竖等一系列复杂工作。火箭发射支持系统是运载火箭发射的基石，地位举足轻重。

"航天人的成功往往只有一个晚上"，在首飞成功之后，当大家风轻云淡地讲述研制故事时，那些过去面临的挑战、压力都显得微不足道。然而设身处地，对周龙这样跨行业参与火箭发射任务的新人来说，心中的责任和压力是巨大的。

　　"设计火箭地面发射支持系统的担子很重，虽然我的领导是行业最顶尖的专家，在工作上给予了我非常多的指导和帮助，但是那个时候感受到的压力比冲刺高考还要大，因为团队中任何一个人都不想拖后腿，不想给别人带来负担。"在团队中，周龙很少说话，面对眼前的高峰，他选择了沉默但坚定地向上攀爬。

　　那是周龙最难忘的一段时光，在行业顶级专家胡小伟的带领下，他从基础知识学起，以尽快地弥补火箭系统知识的不足。学习成为他最大的乐趣，每次他出差时，除了必要的换洗衣物，行李箱里装得最多的就是各类专业书籍。《发射技术》《导弹地面设备》《航天发射地面支持技术》成了他朝夕相处的好伙伴。虽然快速学习带来了快速成长，但周龙也因此牺牲了不少和家人相处的时间。在力箭一号运载火箭研制的3年里，他有将近两年的时间是在烟台的总装调试场和酒泉戈壁腹地的火箭发射场度过的。

　　所有的业余时间都被他充分利用起来，超高的学习效率和顽强的学习劲头使他完成了专业赛道上的弯道超车。凭借这种不怕吃苦、钻研的劲头和在北京理工大学学习期间打下的坚实基础，他很快完成了运载火箭发射支持专业的理论和实践的衔接，也铺平了自己施展抱负的奋起之路。

固体火箭的起竖难在哪里

力箭一号运载火箭采用了"三平一垂"发射方式，即水平对接、水平测试、水平运输及垂直发射。这样规模的固体火箭"三平一垂"的发射过程在国内也是首次出现，如何保障其稳妥可靠地进行试验、发射，其难度和挑战可想而知。

固体火箭不同于液体火箭，液体火箭在起竖时只需要将壳段和发动机的重量撑起即可，而固体火箭在起竖时往往已经完成了火药

▲ 力箭一号运载火箭在甘肃酒泉专属发射工位起竖

装填，因而需要在满重量的状态下起竖。

力箭一号运载火箭的起竖吨位在全球范围也名列前茅。火箭本身重135吨，加上起竖架和两个摇臂，总重量接近300吨。如何保障这300吨的庞然大物能够可靠地完成任务，成了地面发射支持团队面临的史无前例的考验。

对周龙和团队成员来说，起竖吨位仅仅是问题的一部分，他们还需要考虑现有火箭厂房大门的长度和宽度。厂房往往在建设完成之后就固定在地面上，而现有厂房门相对较窄，考虑到进出厂房时，需要带着火箭与起竖架一同进出，所以对起竖架的尺寸也有限制。

在大吨位与尺寸的双重要求下，火箭的地面发射支持系统的设计方案也经过了两次大的变更，才形成最终的定稿，而每次变更都是将之前的方案推翻重来。

方案迭代的过程是痛苦的，但是周龙没有畏惧，他和团队一起踌躇满志，开始向上攀登，迎接挑战。

周龙和发射支持系统的青年科学家韩壮逐一核对设备情况 ▶▶

将所有问题一一定位

在起竖的过程中，火箭安装在起竖架上，起竖架搭载在摇臂上，摇臂下方安装了四个油缸。为了与火箭总装厂房的尺寸兼容，摇臂与起竖架并非固定在一起，而是分装后再进行连接，这就导致一个问题——由于火箭起竖时采用的是两级油缸进行推动，而摇臂和起竖架非刚性连接，在油缸换级时可能会出现 4 个油缸换级不同步的情况，从而发生摇臂与起竖架偏载的情况，导致起竖失败。

为了解决摇臂和起竖架不同步的问题，周龙和团队把油缸的换级原理从里到外分析论证了一遍，将油缸在起竖中可能出现的所有工况都定位出来，最终确定了摇臂和起竖架要承受的极限工况。

通过不懈研究，周龙和发射支持团队将极限工况中结构强度不够的位置全部找出来，把这些地方更换成强度更高的板材进行焊接，大幅提高了火箭起竖过程的安全系数。

在复杂中寻找正解，在困难中坚定信念

火箭起竖和发射的最终方案在多部门协同配合之下终于敲定了，随着发射的预定时间越来越近，周龙的心情也变得紧张起来。他清楚地意识到，"行百里者半九十"，越是临近发射，越要不断突破自己的极限。因为要将方案落地，他不仅需要和设备打交

道，还需要和合作伙伴进行充分沟通达成一致，这是他不太擅长的部分。

他有大量具体的技术实施工作要做，还有大量的协调工作要做，等待他的是千头万绪的工作。有时候为了解决一个技术问题，他需要不断地反复、不断地协调，——落实很多细致的技术工作。

以结构系统为例，板材等原材料进场后需要进行材料检验，检验合格后开始焊接，焊接完成后进行焊缝检测，检测合格后进行机加工，机加工后进行尺寸检验，检验合格后进行装配，装配（含机电液）完成后还需要按照实际使用工况进行应力测试。这些过程都需要技术把关，更存在大量沟通协调工作。在应力试验过程中，在箭体应力比较大的地方，通过安装应变片，实测其应力，结果证实实测的应力与计算的结果很接近。

周龙称这次任务"难度大、工作多"，要慎之又慎，在复杂中寻找正解，在困难中坚定信念。对于航天事业来说，稍有不慎，全盘皆输，不能容许一丝失败的可能性。

科学家思维

1. 任务"难度大、工作多"，要慎之又慎，在复杂中寻找正解，在困难中坚定信念。对于航天事业来说，稍有不慎，全盘皆输，不能容许一丝失败的可能性。

2. 创新体现出我们团队在对待技术和面向未来应用时的态度。对于任何技术细节，我们都会把它吃透，聚焦风险，聚焦应用，这样才保障了最后的成功。

创新研发可移动的保温厂房

发射场坪设备在发射前都会被运送至位于戈壁腹地的发射工位进行发射前的调试和准备工作。为了满足设备在调试过程中所需要的条件，团队还创新地研制了可移动的保温厂房。

说起可移动保温厂房，也是力箭一号运载火箭的技术突破之一，属于国内首创。在立项之初，针对固体运载火箭在酒泉进出厂、总装、调试、存放的多样化需求，周龙和团队成员创新地将火箭厂房装上了轮胎和导轨，经过缜密的测算，将厂房的受力和运动情况进行模拟，最终设计出了一套行之有效的移动保温厂房生产方案。

有了这个可移动保温厂房，可以保障火箭在水平转运过去之后，厂房能提供相对恒定的温度，并且防风防沙，使火箭能够在更稳定的环境中进行调试，保护了箭体内的各部件和卫星。

在发射当天，不管室外是酷暑还是严寒，在火箭进入起竖流程之前，可移动保温厂房始终能够给发动机进行保温，这对于整箭的可靠性和稳定性都是巨大提升。

发射完成之后，可移动保温厂房也可以把地面设备都"罩"在其中，防止风吹日晒，延长设备的可靠工作时间。

在工作过程中，当试验团队开始设备调试及起竖的时候，周龙就会把厂房移走。发射场坪设备在调试或遇到风沙来临时，周龙都会抓紧把厂房移动到指定地点，把发射场的各类地面设备罩起来，防止被风沙影响。

说起国内首创的可移动保温厂房，周龙满是骄傲："这一小小的

周龙在深夜检视
发射支持系统在
寒冷条件下的工
作情况 ▶▶

创新让整个火箭调试的过程更便捷，同时减少了环境和天气因素带来的影响。这是我们的一小步，却是行业的一大步。创新体现出我们团队在对待技术和面向未来应用时的态度。对于任何技术细节，我们都会把它吃透，聚焦风险，聚焦应用，这样才保障了最后的成功。"

改进防烧蚀方案

力箭一号运载火箭首飞圆满成功后，高密度发射随之而来，对于周龙和他设计的地面支持系统来说，需要进一步的迭代和创新。

发射结束后，周龙观察到发射工位上现场烧蚀的范围超出了预想。原因很快就找到了，作为国内运载能力领先的固体运载火箭，力箭一号的起飞推力高达 200 吨，这导致其释放的燃气压力极大，在燃气的冲蚀下，起竖架后部的结构强度和部分区域的烧蚀防护更加困难。

在力箭一号运载火箭首飞完成后，周龙和团队很快就设计了新的方案，做到"只要是做了防护的部分都不会烧坏"。他不仅关注了大面积的地面设备防护，也不放过每一个防护的角落，比如在电缆的位置就存在一个安装电缆槽上的小出口没有密闭严实，燃气从这个小口进入线缆槽里，导致了烧蚀，周龙注意到这个细节之后第一时间就改进了此处的防烧蚀方案。

在首飞之后，周龙没有第一时间回家，而是一直在发射工位检查、记录、分析，考虑新的解决方案，所有的细节在力箭一号遥二运载火箭到达酒泉卫星发射中心之前就完成了整改。

▲ 周龙和同事在检查火箭

火箭回收

口述科学家：杨浩亮

出生年月：1987 年 12 月
出生地：陕西西安
毕业学校：帝国理工大学
喜欢的颜色：蓝色
喜欢的书：《宇宙的奥秘》
业余爱好：电子竞技游戏、写论文

科学家小传

　　杨浩亮，2013年获得帝国理工大学博士学位后开始了自己的航天人生。这段"新的"人生也给他带来一些新的身份，比如，单位同事都会称呼他"大师"。

　　他脑洞大，每天都有很多的新想法，把沉闷的东西变化出不同花样；他执行力强，敢于大胆假设的同时，还能够快速地把想法落实和实施；他前瞻性思维强，不仅关注国内航天技术的发展现状，而且善于从全球航天发展的趋势来考虑系列研发工作的规划和安排；他融会贯通、海纳百川，对技术追求新奇，对方法追求极致。

　　他对创新有着执念，在参与研制力箭一号运载火箭的工作后，他的创新精神也融入研制模式、供应链管理、技术创新和商业化方面的综合思考中。

火箭科学家是如何工作的

"创新、创新、再创新！"

"创新、创新、再创新！"这句标语贴在杨浩亮的办公桌前，"创新"是他职业生涯的座右铭。

与他以往参与的航天研制任务相比，力箭一号运载火箭在技术上实现了多维度、多领域的大幅度创新。在力箭一号运载火箭上，杨浩亮同科学家团队一起，共完成了 6 项重大关键技术的突破和 13 项国内首次采用的新技术。

这枚火箭的迅速研制，不仅是因为其在技术方面实现颠覆性的创新，而且依托于杨浩亮在火箭设计之初便提出的一套针对研发供

力箭一号小课堂

为什么要研究火箭回收技术？

火箭的研制成本很高，这影响了人类开发太空的规模和效益。火箭回收经过简单的维修后再重复使用，可以极大地降低火箭发射任务的时间成本、材料成本和资金成本。只有掌握了火箭回收技术，高频低价的火箭发射才具备可能性。

应链的生产组织管理模式。这是中国运载火箭发展史上的重大技术突破，更是世界运载火箭发展史上新的里程碑。

在突破和跨越的背后，是严峻的挑战。挑战越大，他就越兴奋，只有在不断创新的过程中，才能让思想在工作实践中迸出更多火花，让火箭的研发更加具有突破性和落地性。

对杨浩亮来说，技术创新虽然是发展的源泉，但创新的内涵并不只是技术上的创新，因此，他同时在管理模式和思维模式上寻找着创新的方向。

每个人都是火箭的负责人

变化首先便出现在研制模式和流程上。

要在最短的时间内完成对火箭这样复杂的系统科学工程的研制，采用以往的研制模式肯定不行。传统的火箭研制模式非常复杂，一款火箭首先要由总体部门提出任务书，然后结构、航电、动力、飞控等各个分系统再对方案进行细化，之后由分系统将任务书下达给单机件进行设计，单机件设计完成后提交给工厂进行制造，制造完成之后由总装部门进行检验。

以往火箭科学家们所熟悉的流程经过多年航天任务的检验，早已成为行之有效的、完善的流程，但杨浩亮敏锐地捕捉到在商业的运营逻辑下，这套流程并不能很好地适配市场需求。经过长期的思考和调研，他提出了将火箭拆分给每一位科研人员的研发模式。

"在我们的团队中，每个人都是火箭的负责人。"每位科研人员

力箭一号小课堂

火箭回收的技术难点是什么？

火箭回收有四大重要技术难点：

1. 控制的姿态和落点精度的技术，在火箭返回的过程中需要不断控制火箭的姿态。

2. 火箭发动机推力可调节和多次启动技术，这对发动机燃烧、涡轮泵、阀门等组件要求很高。

3. 再入隔热技术。火箭外形为圆柱体，不是流线型，所以再入返回时会比流线型设计的飞船和返回舱的表面温度更高，空气流会在表面摩擦产生更多的热能，这对火箭的材料要求非常高。

4. 着陆支架技术。在火箭回收过程中，必须使用着陆支架来减缓着陆时的冲击过载，使火箭稳定着陆。

既有明确的分工，同时也化整为零，可以最大限度发挥自己的思考能力，去学习火箭制造工艺，了解火箭装配流程，研究市场需求。

杨浩亮常常向同事们强调，要在创新的同时做出有社会影响力和市场影响力的产品，这不仅需要了解技术，还要放开眼界，了解制造供应链，学习如何和单机产品做好接口适配，倾听社会对于火箭的需求。

一款火箭想拥有真正的生命力，不仅需要自身具备极高的可靠性，而且在制造技术上需要有突破性，同时从顶层设计出发就具备未来视野的前瞻性。力箭一号运载火箭就是这样一款拥有生命力的火箭，其所依托的是中国完备的上下游工业体系，以及蓬勃发展的前沿科技方向。

做汽车的工厂真的能做好火箭吗

　　要进一步加快研发速度，降低制作成本，仅从研发流程上进行优化是不够的。在杨浩亮的带领下，力箭一号运载火箭团队对原有的火箭生产供应链进行了改革和升级，吸纳了在市场上被证明行之有效的工业级供应链。

　　这些供应链以往是配套智能汽车、智能家电、智能手机的制造产业，在杨浩亮大胆提出这个想法之后，所有人都在怀疑，这些做汽车的工厂真的能做好火箭吗？不仅领导和同事对这样大胆的想法

▲ 杨浩亮（右一）在山东海阳和垂直起降原理样机合影

有所怀疑，就连配套供应商在面对航天端口提出的严谨、复杂的要求时，也常常叫苦不迭。

在压力面前，杨浩亮挑起了这庞杂、琐碎且艰巨的千斤重担。"一切为了成功，要全力保成功。只有赋能供应链，才能带动产业链整体成长，才能为中国航天事业未来快速的发展储备能力。"

面对供应链端的疑惑，他下到生产一线，事事亲力亲为，跟大家说："我们会和你们一起干，试验一起做，你们不懂的航天标准我们一起来。"

在杨浩亮看来，火箭就是创新的载体，科技创新最终应当反哺于民。在这一思想的引领下，杨浩亮利用自己在航天领域积累的丰富经验，帮助传统的工业级供应链进行产业升级，真正做出达到航天级别要求的好产品。

以传统火箭中作为导航的惯性测量组合模块为例，以往火箭上的惯组大约是普通快递纸箱大小，用于实时感知火箭的飞行姿态、速度等信息，帮助控制箭体的运行轨迹。而力箭一号运载火箭选用了迭代之后的成熟工业级产品——惯组已被成功地集成在了手机大小的元件上。

这样的更新迭代在力箭一号运载火箭的设计中层出不穷，他们帮助更多的民用技术完成了向航天质量标准的进步。杨浩亮说："创新并不只是从 0 到 1 的过程，也可以是从 0.99 到 1 的过程。这个 0.99 是指在别的行业的基础上，我们把这些技术进行拓展，通过航天的质量体系，提升到 1 的过程。"

设计全新的火箭分离装置

　　技术的创新往往源于解决了前所未有的难题。在力箭一号运载火箭的研制过程中，杨浩亮和创新中心的同事们一起，攻克了以往固体火箭分离当中出现的污染问题和安全性问题。

　　传统的多级火箭在分离时，采用了火工品爆破的方式，将上下级火箭连接处使用炸药炸断，实现火箭的层级分离。在爆炸的过程中，往往会产生巨大的冲量能量，尤其是对于力箭一号运载火箭这样巨大的固体火箭来说，它需要的火药量也更多。杨浩亮不仅担心爆炸产生的冲击力会对火箭中的仪器和卫星产生不可控的影响，而且担心爆炸过程中产生具有危害性的气体。基于这些考量，杨浩亮打算带领团队设计一款全新的火箭分离装置。

　　打破窠臼，需要大胆的想象力和严谨的实践验证。杨浩亮常常令同事钦佩的便是他充满奇思妙想的脑洞。他不再把视野局限在火箭的分离上，而是去观察各式各样的运输工具如高铁的车厢是如何完成分离的。他在这些观察中获得了灵感，最终提出了使用高压冷气作为动力，将上下两级火箭推开的分离模式。

　　大道至简，这套创新性的冷气分离装置在原理上十分简单，就是靠着充入近 30 兆帕的高压气体，在解锁的瞬间靠着气体释放的能量推动火箭两级之间的推杆，使分离迅速完成。其中涉及的气体做功、能量守恒、等熵绝热等原理是中学生都熟悉的定律。然而，越是返璞归真的理论，完成工程实践就越难。

　　在杨浩亮的带领下，整个团队首先依据公式去推导气体分离的可能性，然后基于此设计出理论图，并加以周密地论证，最后将这款产品进行数字仿真，通过后制作出初级的子样，完成简单的测试。经过一轮又一轮的迭代，不断加强产品的做工强度和能量的密度特性，完成原型机的制作。

原型机在进入生产之前，还需要完成可靠性试验、同步性试验、推力试验、冲量能量试验、解锁同步性试验、单推杆试验、多推杆试验、故障模式工况试验等三十几种试验。杨浩亮说，即便是一个很简单的气体做功原理，他们也会用航天人的严谨方法去验证。

创新绝对不是脑子一热，生出一个想法就去马上实现，而是要经过像杨浩亮和团队成员那样严格的迭代步骤和工程实践，才能使最终产品具有强韧的生命力和强大的市场竞争力。

创新不是说说就算

真正的大师从来都不是纸上谈兵，而是成为自己实践的统领者。杨浩亮深谙这个道理，他的那些创新点子从来不是说说就算，他向来是说得多，做得更多。这种实干精神也令力箭一号运载火箭团队都对他十分信任，每到关键时刻，团队领导都会将任务放心地交给他，派他到最前线去完成工作。

力箭一号运载火箭的首飞成功，证明了他的那些创新点子对航天事业都起到了促进作用，成功给他带来了更大的信心，他乐意去挑战，实现更多的创新。

▲ 在山东海阳进行海上垂直回收试验

▼ 原理样机模拟陆上发射，准备起飞

▲ 原理样机模拟海上回收，在海上平台着陆

首飞结束后，力箭一号研制团队将转向火箭回收技术突破等相关工作。火箭回收技术可以实现发动机重复使用，回收检修后的火箭可继续执行任务，进一步提升火箭投送能力，大幅降低发射成本。回收的火箭也可以准确落在预定区域，减少对落区的安全威胁。从商业航天发展趋势看，火箭回收技术是目前实现太空旅游需要突破的核心技术。国内实现太空旅游的相关技术以及故障反馈系统已趋向成熟，有望逐步实现亚轨道旅行。

在清晰的整体战略目标指引下，杨浩亮依然将创新放在第一位，着力突破关键技术上存在的问题，从火箭的可重复回收利用等维度带领团队开展一系列的工作。这些创新使得杨浩亮的团队在着力重点的同时，也快速提升火箭相关维度的知识。团队成员在创新思考的过程中都得到了飞速成长。

可重复回收火箭涉及的技术很多，主要原因在于火箭回收对火箭的芯级推重比（即火箭发动机提供的推力和火箭结构所受的重力之比）有很严格的要求。在飞行过程中，发动机的燃料会不断消耗，

科学家思维

1. 打破窠臼，需要大胆的想象力和严谨的实践验证。

2. 创新不是口号，是一定要脚踏实地去做的，把你能想到的所有试验做完，一次次重复去做，创新才有务实的意义。

3. 创新是在新的环境中提出新的问题，用新的角度和方法去看待问题并解决问题，才能真正地进步。

所受的重力也在不断变化，回收的火箭核心级重量仅有发射的 10% 左右。如果一味用大推力火箭，那么在回收时一启动发动机就达不到稳定的目的。如何研制出一套成熟的火箭回收体系，这些都是杨浩亮要关注的。

在工作之余，他和团队成员还将对可重复回收火箭技术的研究、思考、试验和应用等内容撰写成专业书籍出版。"技术是我们搞的，研发经费是我们投入的，不管我们在哪个队伍中，这些思考和成果应该属于中国。"杨浩亮在《可重复使用火箭结构设计与数字化仿真》这本书中是这样定义的。

把你能想到的所有试验做完

杨浩亮敢想敢做，他所提出的技术上的突破和创新，都需要大量的试验来验证，而迭代和试验的速度要足够快才可以满足实现突破创新的需求，所以他想打造一个属于自己团队的试验场地。

通过多维度试验的考量过后，杨浩亮带领团队在北京亦庄组建了液体火箭研制的试验中心。这个试验室覆盖了运载火箭研制的各项试验需求，还可以在试验中心空闲的时候为各类行业用户提供服务，为大家提供便利的试验中心，帮助不同行业快速创新赋能。

有了试验中心后，每当有人问杨浩亮在哪里时，大家都会回答："要找到'大师'，要么在 9 楼的工位，要么在试验中心。"

杨浩亮身体力行地展示了他对航天事业的热爱，有人听过他的事迹后，不解地问他这样是否值得，一定要有那么多的创新吗？对他来说，创新在一定程度上不仅是对传统技术的新突破，而且是推动航天行业更上一层楼的机会。

"创新不是口号，是一定要脚踏实地去做的，把你能想到的所有试验做完，一次次重复去做，创新才有务实的意义。"问起他为什么整天泡在试验室，杨浩亮还是这句话。

火箭为什么要创新

一款火箭代表的是整个团队的生命力和创造力。创新就是发展生命力的基因，是一切的源头。在创新的基础上，进行严谨的工程实践，拓展合作伙伴，赋能供应链体系，让所有的人都理解创新、热爱创新，这是杨浩亮持之以恒的目标。

研制模式和供应链管理及技术的创新，让力箭一号运载火箭具备了极高的商业价值，这不仅在中国航天发展历史上具有重大的意义，而且也推动了中国商业航天的发展。力箭一号运载火箭以其商业化的创新使得火箭开始走进人们的生活，这也标志着运载火箭开始拥有商业价值。

在杨浩亮看来，面向大众的太空旅游、太空经济，将是商业航天产业发展的新空间。商业航天产业成熟的标志是进入大众消费市场，让航天高科技为普通人所用。这是世界航天发展的方向，也是商业发展的必然。

力箭一号
运 载 火 箭

长　　　度：30m
起 飞 重 量：135t
运 载 能 力：2t（LEO）
　　　　　　1.5t（500km/SSO）
芯 级 直 径：2.65m
整流罩直径：2.65m/3.35m
起 飞 推 力：200t

技术创新：
- 国内首创大型运载火箭总体协同优化设计
- 国内首创大吨位箭体水平模态试验
- 国内首创大直径整体装药固体发动机
- 国内首个异型结构固体发动机
- 国内首个测控融合新型架构航电系统
- 国内首个数据驱动地面测发控软件
- 国内首个大分离力、无污染分离能源
- 国内首个固液融合低成本结构设计
- 国内首个 5ms 控制周期下三冗余 CPU 软件
- 国内首个分层架构飞行控制系统
- 国内首个多功能可组装移动式环境保障厂房
- 国内首创大型固体火箭高可靠起竖系统
- 国内首创低成本可复用大型固体火箭热发射系统

整流罩

整流罩是火箭最前端的部分，它的主要作用是保护有效载荷。在火箭总装的时候，整流罩与有效载荷集成在一起。

卫星支架

用来装载、固定卫星，配合卫星完成分离动作。

结构系统

火箭的结构系统实质上是火箭的框架和外壳，像飞机的机身。制造火箭的材料既要足够坚固，能承受发射和上升过程中施加的所有动力，又要足够轻，能够帮助火箭摆脱地球引力并进入轨道。

二级发动机

固体发动机，直径 2.65 米，装药量 35.09 吨，推力 1081.2 kN。

飞行控制系统

火箭的飞行控制系统起着引导其运动和确定其行进方向的关键作用。它负责在发射过程中保持火箭直立，控制火箭在大气层中的轨迹，并确定火箭在太空中的运动。

载荷

火箭的有效载荷是指运载火箭需要向太空运送或运输的任何形式的货物／物体／个人。

四级发动机

我国首个采用高性能纤维复合材料的球形异构固体发动机，直径 1.32 米，装药量 1.99 吨，推力 78kN。

三级发动机

固体发动机，直径 2 米，装药量 9.99 吨，推力 439.3 kN。

一级发动机

整体式固体发动机 SP70，直径 2.65 米，总重 80 余吨，装药量 70.74 吨，推力 2066.8 kN。

推进系统

火箭的推进系统提供推力，在发射过程中推动运载火箭穿过大气层进入轨道，并使其能够在太空的真空中进行机动。火箭质量和内部空间的绝大部分由推进系统组成。